Marc Löffler

Retrospektiven in der Praxis

Veränderungsprozesse in IT-Unternehmen effektiv begleiten

dpunkt.verlag

Marc Löffler
marc@retrospektiveninderpraxis.de

Lektorat: Christa Preisendanz
Copy-Editing: Ursula Zimpfer, Herrenebrg
Herstellung: Birgit Bäuerlein
Umschlaggestaltung: Helmut Kraus, www.exclam.de
Druck und Bindung: M.P. Media-Print Informationstechnologie GmbH, 33100 Paderborn

Bibliografische Information der Deutschen Nationalbibliothek
Die Deutsche Nationalbibliothek verzeichnet diese Publikation in der Deutschen Nationalbibliografie; detaillierte bibliografische Daten sind im Internet über http://dnb.d-nb.de abrufbar.

ISBN 978-3-86490-144-7

1. Auflage 2014

Wieblinger Weg 17
69123 Heidelberg

5 4 3 2 1 0

Für Andrea, Nico und Ben

Geleitwort

Neulich las ich in einer Tageszeitung folgende Geschichte: In Amman, Jordanien wartet ein Geschäftsmann in einem Hotel vor einem Hotelaufzug. Es handelt sich um eines der großen, noblen Hotels, bei denen sechs Aufzüge nebeneinander platziert sind, um der Kundennachfrage besser gerecht zu werden. Dieser Geschäftsmann wartet und wartet und der Aufzug kommt nicht. Das Problem ist, dass der Geschäftsmann so dicht vor dem Aufzug steht, den er angefordert hat, dass er noch nicht einmal bemerkt, dass einige der anderen Aufzüge längst auf seiner Etage angekommen sind. Wäre er zwei Schritte zurückgegangen, hätte er sein Ziel schneller erreicht.

Diese Geschichte macht deutlich, wie wir Menschen oft dazu tendieren, an einer getroffenen Entscheidung oder an einer einmal gemachten Erfahrung (z.B. der, dass der angeforderte Aufzug kommt und nicht ein anderer) festzuhalten. Dabei wird dann auch blind der einmal eingeschlagene Weg weiterverfolgt – »das haben wir schon immer so gemacht« oder »das war schon immer so« –, anstatt diesen kritisch zu beurteilen.

Die Grundidee von Retrospektiven ist, mit ihrer Hilfe innezuhalten, über den eingeschlagenen Weg nachzudenken und mittels einer (meist kleinen) Veränderung den Weg zu korrigieren, um dadurch zukünftig besser voranzukommen. Diese Vorgehensweise ist eigentlich in unserer DNA sogar verwurzelt – denn die korrekte lateinische Bezeichnung der menschlichen Rasse ist nicht, wie landläufig geglaubt wird, *Homo Sapiens,* sondern *Homo Sapiens* ***Sapiens.*** Das bedeutet der Mensch, der über das Denken nachdenkt (oder auch der Mensch, der zweimal überlegt). Genau dieses Nachdenken über unsere normalen, täglichen Erfahrungen und Aktionen steht im Mittelpunkt der Retrospektiven.

Oftmals ist in Projekten oder Firmen die Situation jedoch die, dass die einzelnen Mitarbeiter sehr wohl wissen, was alles zu verbessern wäre. Meist jedoch fehlt die Zeit, sich im Detail um diese Verbesserungsmöglichkeiten zu kümmern, und dadurch, dass sich nichts verändert, fehlt meist noch mehr Zeit. Das heißt, man befindet sich in einem Teufelskreis, der am treffendsten wohl mit der alten Volksweisheit ausgedrückt wird: Wir haben keine Zeit, die Säge zu schärfen, wir müssen sägen.

Retrospektiven sollten somit auch als Teil des Risikomanagements verstanden werden. Denn durch die ständige Analyse der Begebenheiten und den daraus folgenden Kurskorrekturen können Risiken schnell erkannt und entsprechend angegangen werden. Auch wenn sich Retrospektiven insbesondere in der agilen Softwareentwicklung etabliert haben und ihre Anwendung dort überhaupt erst für die Agilität sorgt – so können auch andere Bereiche von der regelmäßigen Durchführung von Retrospektiven profitieren.

Dies unter anderem aus dem Grund, dass – wie eine andere alte Volksweisheit ausdrückt – man aus Fehlern klug wird. Viele Unternehmen sind jedoch der Ansicht, dass Fehler machen ein Fehler sei und man es stattdessen doch gleich richtig machen sollte (englisch: Do it right the first time). Aber in unserer zunehmend komplexer werdenden Welt besteht nicht nur der größte Teil der Softwareentwicklung darin herauszufinden, was überhaupt benötigt wird. Auch in anderen Bereichen muss erst eruiert werden, welcher Weg am ehesten zum Ziel führt. Dazu müssen auch »falsche« Wege beschritten werden, da man andernfalls nicht herausfinden kann, welches überhaupt die richtigen Wege sind. Die richtigen Entscheidungen lassen sich deterministisch nur dann treffen, wenn wir so ein System schon einmal entwickelt haben, dann kann man sich allerdings fragen, warum wir dieses Unterfangen überhaupt nochmals auf uns nehmen. Das heißt, die Exploration ist inhärenter Bestandteil von Softwareentwicklung und heutzutage auch von vielen anderen Bereichen.

Darüber hinaus beinhaltet die Entwicklung oder Akzeptanz einer Fehlerkultur auch die Forderung, ständig dazuzulernen und dies auch zu wollen. Somit leisten Retrospektiven durch ihren Fokus auf ständiger Verbesserung auch einen Beitrag zur Etablierung einer lernenden Organisation.

Eine Retrospektive bietet nun nicht nur die Möglichkeit, zu überprüfen, was alles zu verbessern ist, sondern sich auch bewusst zu machen, was alles bereits gut funktioniert und was man bisher erreicht hat.

Manchmal macht sich ja auch eine große Frustration breit, weil die Mitarbeiter den Eindruck haben, dass alles schiefläuft. Beschäftigen sie sich dann in einer Retrospektive damit, was wirklich wie gemacht wird, so wird eigentlich immer festgestellt, dass einiges auch ganz gut funktioniert. Dies trägt dann wiederum zur höheren Motivation der Mitarbeiter bei.

Als mir Marc das erste Mal von seinem Vorhaben erzählt hat, war ich sofort total begeistert. – Begeistert deshalb, da dieses Buch überfällig war! Endlich gibt es ein umfassendes Buch zu Retrospektiven auf Deutsch. Darauf habe zumindest ich schon lange gehofft. Dafür bin ich ihm sehr dankbar!

Marc ist es mit diesem Buch gelungen, einen wirklich umfangreichen Überblick zu Retrospektiven zu geben, der nicht nur bewährte konkrete Methoden beinhaltet, sondern auch neueste Entwicklungen aufgreift und auf ihre tägliche Anwendbarkeit überprüft. Er behandelt auch nicht ganz einfache Themen, wie verteilte, systemische oder lösungsorientierte Retrospektiven, und macht diese praxistauglich.

Damit hat Marc ein Werk geschaffen, das für sich steht, das heißt, das ein solides Fundament bietet, durch das Retrospektiven für diejenigen konkret werden, für die dieses Thema noch neu ist. Darüber hinaus finden aber gerade auch die erfahrenen Retrospektiven-Moderatoren umfangreiche Anregungen, um die Retrospektiven effektiver zu gestalten und damit zu kontinuierlichem Lernen und Verbessern im Unternehmen beizutragen. Freuen Sie sich darauf, mit diesem Buch einen neuen Weg einzuschlagen oder einen bestehenden zu korrigieren!

Jutta Eckstein
Autorin von Agile Softwareentwicklung in großen Projekten und Agile Softwareentwicklung mit verteilten Teams

Vorwort

Schon bei meinem ersten Kontakt mit agilen Methoden hatten es mir die Retrospektiven besonders angetan. Für mich waren sie von Anfang an der Inbegriff des kontinuierlichen Verbesserungsprozesses: Eine dedizierte Besprechung mit einer klaren Struktur, die in regelmäßigen Abständen stattfindet und bei der man gemeinsam über die letzten Wochen und Monate reflektiert, um potenzielle Verbesserungen daraus abzuleiten. Leider wird dieses regelmäßige Reflektieren in unserer Arbeitswelt allzu oft vergessen. Dadurch wird das verfügbare Potenzial gar nicht oder zu spät genutzt. An dieser Stelle fällt mir die Metapher mit dem Holzfäller ein. Dieser versucht einen Baum mit einer stumpfen Axt zu fällen. Statt sich die Zeit zu nehmen, danach zu forschen, warum er nur schwer vorankommt, macht er einfach weiter, weil er schnell fertig werden will. Würde er sich die Zeit zur Reflexion nehmen, würde er sofort feststellen, dass die Axt geschärft werden muss, und wäre somit am Ende schneller fertig. Mit Retrospektiven will man genau das unterstützen. Anstatt an der augenblicklichen, eventuell suboptimalen Arbeitsweise festzuhalten, sucht man gezielt nach Wegen, wie man diese verbessern kann.

Aus meiner Sicht sind Retrospektiven eine der tragenden Säulen eines erfolgreichen kontinuierlichen Verbesserungsprozesses und eines der besten Werkzeuge, um kulturelle Veränderungen in einer Organisation zu bewerkstelligen. Auch in traditionellen Change Management-Initiativen können Retrospektiven einen wichtigen Beitrag leisten. Im Projektmanagement finden sie ihre Verwendung z.B. in »Lessons Learned«-Workshops. Natürlich kann man Retrospektiven auch im privaten Umfeld einsetzen. Sei es als Silvesterretrospektive mit der Familie am Ende des Jahres oder im Verein z.B. nach dem Jahreskonzert.

Da es sich bei einer Retrospektive nicht um eine normale Besprechung handelt, sondern vielmehr um einen Workshop, gibt es einige Dinge, die man beachten muss, damit man davon profitieren kann. Gleichzeitig hat man es bei Retrospektiven immer auch mit Veränderungen (in der Organisation) zu tun und wer sich mit diesem Thema schon beschäftigt hat, weiß, dass das nicht immer einfach ist. In diesem Buch habe ich versucht, all die Dinge zusammenzutragen, die für die Durchführung einer Retrospektive und das Etablieren eines kontinuierlichen Verbesserungsprozesses notwendig sind.

Obwohl Retrospektiven ein wichtiges Instrument sind, werden sie oft nur stiefmütterlich behandelt. Leider bin ich schon oft Zeuge von schlechten Retrospektiven geworden. Sei es, weil sie im »Zombie-Modus« abgehalten worden sind, schlecht moderiert und vorbereitet wurden oder schlicht keine Struktur hatten. Eine Retrospektive besteht eben nicht nur aus der Frage an das Team: »Also, was ist im letzten Sprint alles schlecht gelaufen?« Zu einer guten Retrospektive gehört mehr. Eine gute Retrospektive macht Spaß, ist abwechslungsreich, hat ein klares Ziel, ist sinnvoll und berücksichtigt das System, in dem das Team agiert. Beachtet man diese Dinge, ist man auf einem guten Weg. Mit diesem Buch möchte ich Sie auf diesem Weg begleiten und Ihnen dabei helfen, die Herausforderungen in Ihrem Umfeld zu bewältigen. Ich hoffe, dass dieses Buch für Sie eine wertvolle Hilfe beim Durchführen von Retrospektiven sein wird, und wünsche Ihnen viel Spaß beim Lesen.

Danksagungen

An dieser Stelle möchte ich mich bei allen bedanken, die direkt oder indirekt zu diesem Buch beigetragen haben. Vor allem bei all den Teams in den letzten Jahren, bei denen ich eine Retrospektive durchführen durfte.

Ein großer Dank geht an Ralph Miarka und Veronika Kotrba, die das Kapitel über lösungsorientierte Retrospektiven beigesteuert haben. Sie haben mir dadurch einiges an Recherche und Schreibarbeit abgenommen. Dieses Kapitel ist eine Bereicherung für dieses Buch.

Danke auch an Jutta Eckstein, die das Manuskript durchgesehen und mir wertvolle Hinweise gegeben hat, wie ich das Buch besser machen kann, und eine Expertenbox zum Buch beigesteuert hat. Es freut und ehrt mich sehr, dass sie das Geleitwort für dieses Buch geschrieben hat.

Ebenfalls bedanken möchte ich mich bei Christoph Pater, der das Buch von Anfang an unterstützt und bereits sehr frühe Versionen des Manuskripts durchgelesen hat. Seine hilfreichen Kommentare haben mir in dieser Anfangsphase sehr geholfen.

Bedanken möchte ich mich auch bei den beiden Rezensenten Rolf Dräther und Thorsten Oliver Kalnin, die durch ihre offene Kritik und Hinweise einen großen Anteil daran haben, wie das Buch heute vor Ihnen liegt.

Ich danke dem dpunkt.verlag, dass er es mir überhaupt erst ermöglicht hat, meinen Traum von einem eigenen Buch zu verwirklichen. An dieser Stelle geht ein besonderer Dank an Christa Preisendanz, die sich sehr für das Buch eingesetzt hat.

Ganz besonders möchte ich mich bei meiner Frau Andrea bedanken, die mir für das Buch den Rücken frei gehalten und mir dadurch erst ermöglicht hat, dieses Buch zu schreiben. Ohne sie hätte ich es nicht geschafft. Danke auch an meine

Kinder Nico und Ben, die in den letzten Monaten häufiger auf ihren Papa verzichten mussten.

Über Ihr Feedback, Ihre Anregungen oder praktischen Erfahrungen bei der Anwendung der im Buch beschriebenen Praktiken, freue ich mich sehr. Dazu schreiben Sie mir am besten eine E-Mail an *marc@retrospektiveninderpraxis.de*. Besuchen Sie außerdem die Internetseite zum Buch mit zusätzlichen Informationen, Neuigkeiten zum Thema Retrospektiven und nützlichen Checklisten unter *www.retrospektiveninderpraxis.de*.

Marc Löffler
Brigachtal, November 2013

Inhaltsverzeichnis

1 Das 1×1 der Retrospektive

1.1 Was ist eigentlich eine Retrospektive?

Die Retrospektive (lat. retrospectare »zurückblicken«) bezeichnet im Allgemeinen einen Rückblick [Wikipedia 01]. Wenn man abends ins Bett geht und vor dem Einschlafen den Tag Revue passieren lässt, dann ist das eine Retrospektive. Wenn man mit der Familie beim Abendbrot miteinander über den vergangenen Tag spricht, die Kinder von der Schule erzählen und die Eltern von ihren Erlebnissen, dann ist auch das eine Retrospektive. Blickt man zurück auf das Lebenswerk eines Künstlers, eines Autors, eines Regisseurs oder anderer Personen, dann spricht man ebenfalls von einer Retrospektive. Dazu finden dann verschiedene Veranstaltungen statt, bei denen die verschiedenen Werke des Künstlers ausgestellt werden. Man sammelt alle wichtigen Werke an einem Ort zusammen, um ein komplettes Bild des Künstlers zu zeichnen. Auf diese Weise bekommt man einen sehr guten Gesamteindruck und hat die Möglichkeit, die verschiedenen Werke zu vergleichen oder in Relation zueinander zu setzen. Würde man nur eines der Werke zu sehen bekommen, wäre man dazu nicht in der Lage. Nur durch dieses Gesamtbild wird man in die Lage versetzt, das Ganze zu sehen, und bekommt die Möglichkeit, darüber zu spekulieren, warum der Künstler etwas so und nicht anders gemacht hat.

Auch im Fernsehen findet jedes Jahr eine Art Retrospektive statt, meist am Ende eines Jahres in Form des Jahresrückblicks. Dabei versuchen sich die verschiedenen TV-Sender gegenseitig zu überbieten, indem jede Sendeanstalt bestrebt ist, die besseren, schöneren, witzigeren oder bekannteren Leute zu diesen Sendungen einzuladen. Auf Vollständigkeit wird hier wenig Wert gelegt, vielmehr steht die Unterhaltung im Vordergrund. Das Gesamtbild eines Jahres ist also eher löchrig und nicht wirklich dazu geeignet, Rückschlüsse zu ziehen oder verschiedene Ereignisse miteinander in Verbindung zu setzen.

Wenn ich in diesem Buch von Retrospektiven spreche, meine ich etwas anderes. Diese Retrospektiven enthalten zwar auch einen Rückblick, aber das ist nur der erste Schritt. Viel wichtiger ist es, aus diesem Rückblick Erkenntnisse und Einsichten zu gewinnen. Diese Erkenntnisse und Einsichten sollen dann dabei helfen, aus der Vergangenheit zu lernen und entsprechende Veränderungen abzuleiten. Dabei lernt man sowohl aus den Erfolgen als auch aus den Fehlern. Denn oft können gute Dinge noch besser gemacht werden. Man könnte es auch mit der Evolution vergleichen. Dinge, die nicht funktioniert haben, sind ausgestorben, aber alles, was zum Erhalt der Art beigetragen hat, wurde beibehalten und weiterentwickelt. Jede dieser Veränderungen ist letztlich nichts anderes als ein Experiment, bei dem man noch nicht sicher weiß, was am Ende dabei herauskommt. Im besten Falle führen diese Experimente zu einer Verbesserung unserer derzeitigen Situation. Manchmal macht es die Sache aber nur noch schlimmer, aber dafür gibt es ja die nächste Retrospektive.

Jede Retrospektive wird von einem sogenannten Facilitator geleitet. Er moderiert die Retrospektive und sorgt dafür, dass die Gruppe ihre gesetzten Ziele erreicht. Er unterstützt die Gruppe dabei, ein tragfähiges Ergebnis zu erarbeiten, das als Basis für den zukünftigen Erfolg dienen soll. Der Facilitator selbst ist kein Teilnehmer (auch wenn sich das vor allem bei kleinen Teams nicht immer bewerkstelligen lässt). Er begleitet den Prozess, bringt jedoch selbst nicht aktiv Lösungen ein. Ein guter Facilitator ist ein entscheidender Faktor für eine erfolgreiche Retrospektive.

Das erste Mal wurde die Retrospektive in dieser Form im Buch »Project Retrospectives: A Handbook for Team Reviews« [Kerth 2001] von Norman Kerth beschrieben.

> *A retrospective is a ritual gathering of a community at the end of a project to review the events and learn from the experience. No one knows the whole story of a project. Each person has a piece of the story. The retrospective ritual is the collective telling of the story and mining the experience for wisdom.*

Sein Buch, dessen aktuelle Ausgabe 2001 erschienen ist, erklärt, wie sich Retrospektiven von sogenannten »Postmortems« und »Lessons Learned« unterscheiden. Der Hauptunterschied ist, dass man bei Retrospektiven den Fokus auf positive Handlungen legt und diese als Katalysator für Veränderungen nutzt. Sie stellen nicht den Endpunkt des Projekts dar, sondern Meilensteine in einem kontinuierlichen Verbesserungsprozess.

Im Jahr 2001 trafen sich ein paar Leute in einer Skihütte, um ein Manifest der agilen Softwareentwicklung zu schreiben [Manifesto]. Es besteht aus vier Wertepaaren und zwölf Prinzipien, die die Basis des Manifests darstellen. Das letzte dieser Prinzipien beschreibt recht gut, was in einer Retrospektive gemacht wird.

> *In regelmäßigen Abständen reflektiert das Team, wie es effektiver werden kann und, passt sein Verhalten entsprechend an.*

Genau dieses Manifest war einer der Hauptgründe, warum vor allem die agile Gemeinschaft die Retrospektive begeistert übernahm und in ihren Arbeitsablauf integrierte. Diese Menschen begriffen, dass sie nicht erst bis zum Ende eines Projekts warten müssen, um aus dem Geschehenen zu lernen und entsprechende Veränderungen vorzunehmen. Stattdessen veranstalten sie eine Retrospektive nach jeder Iteration, also nach einem festen Zeitraum, der möglichst nicht länger als 1 Monat sein sollte, da man sonst Gefahr läuft, den Feedbackzyklus zu groß zu setzen.

Was ist eine Iteration?

Das Wort Iteration kommt vom lateinischen »iterare«, was so viel bedeutet wie »wiederholen«. Iterationen werden in verschiedensten Bereichen angewendet, in denen es darum geht, ein Problem schrittweise zu lösen. In der Informatik spricht man von Iterationen, wenn verschiedene Schritte immer wiederholt werden, bis der gewollte Zustand erreicht wurde (z.B. mit einer FOR-Schleife). In der Bauökonomie ist ein iterativer Prozess das schrittweise Annähern von ursprünglichen Bauzielen an die machbare Umsetzung.

Wenn ich hier von Iteration spreche, meine ich den Prozess, ein Projekt in klar definierten, kurzen, sich wiederholenden Schritten durchzuführen. Nach jeder Iteration wird überprüft, ob und inwieweit man sich dem eigentlichen Projektziel genähert hat, und nimmt, wenn notwendig, Korrekturen am ursprünglichen Plan vor. Man versucht dadurch das Risiko von Ungewissheiten und Überraschungen so klein wie möglich zu halten. Das gleiche Verfahren lässt sich auch im Change Management verwenden.

Dies versetzt einen in die Lage, einen kontinuierlichen Verbesserungsprozess zu etablieren, bei dem ständig überprüft wird, ob man auf dem richtigen Weg ist, und gibt einem zusätzlich die Möglichkeit, rechtzeitig einzugreifen und die Prozesse anzupassen. Indem man feste Zeiten zur Reflexion einplant, hat man die Möglichkeit, Probleme sofort aus der Welt zu schaffen, anstatt bis zum Ende des Projekts zu warten. Wenn die Retrospektive erst am Ende eines Projekts stattfindet, läuft man Gefahr, dass das Gelernte bis zum nächsten Projekt wieder vergessen wurde. Außerdem wird so die Chance vertan, Dinge sofort geradezurücken, bevor es zu spät ist.

Was genau versteht man unter dem Begriff »agil« in diesem Kontext?

Im Deutschen hat das Wort »agil« die folgende Bedeutung: zu schnellen Bewegungen der Gliedmaßen fähig. Das Wort kommt vom lateinischen *agilis*, also »tun, machen, handeln«. Wie schon oben beschrieben, basiert diese Agilität auf dem Agilen Manifest [Manifesto], das wiederum auf 12 Prinzipien basiert. Das Agile Manifest lautet wie folgt:

Wir erschließen bessere Wege, Software zu entwickeln, indem wir es selbst tun und anderen dabei helfen. Durch diese Tätigkeit haben wir diese Werte zu schätzen gelernt:

- **Individuen und Interaktionen** mehr als Prozesse und Werkzeuge
- **Funktionierende Software** mehr als umfassende Dokumentation
- **Zusammenarbeit mit dem Kunden** mehr als Vertragsverhandlung
- **Reagieren auf Veränderung** mehr als das Befolgen eines Plans

→

Das heißt, obwohl wir die Werte auf der rechten Seite wichtig finden, schätzen wir die Werte auf der linken Seite höher ein.

Die dazugehörigen 12 Prinzipien sehen so aus:

1. Unsere höchste Priorität ist es, den Kunden durch frühe und kontinuierliche Auslieferung wertvoller Software zufriedenzustellen.
2. Heiße Anforderungsänderungen selbst spät in der Entwicklung willkommen. Agile Prozesse nutzen Veränderungen zum Wettbewerbsvorteil des Kunden.
3. Liefere funktionierende Software regelmäßig innerhalb weniger Wochen oder Monate und bevorzuge dabei die kürzere Zeitspanne.
4. Fachexperten und Entwickler müssen während des Projekts täglich zusammenarbeiten.
5. Errichte Projekte rund um motivierte Individuen. Gib ihnen das Umfeld und die Unterstützung, die sie benötigen, und vertraue darauf, dass sie die Aufgabe erledigen.
6. Die effizienteste und effektivste Methode, Informationen an und innerhalb eines Entwicklungsteams zu übermitteln, ist im Gespräch von Angesicht zu Angesicht.
7. Funktionierende Software ist das wichtigste Fortschrittsmaß.
8. Agile Prozesse fördern nachhaltige Entwicklung. Die Auftraggeber, Entwickler und Benutzer sollten ein gleichmäßiges Tempo auf unbegrenzte Zeit halten können.
9. Ständiges Augenmerk auf technische Exzellenz und gutes Design fördert Agilität.
10. Einfachheit – die Kunst, die Menge nicht getaner Arbeit zu maximieren – ist essenziell.
11. Die besten Architekturen, Anforderungen und Entwürfe entstehen durch selbstorganisierte Teams.
12. In regelmäßigen Abständen reflektiert das Team, wie es effektiver werden kann, und passt sein Verhalten entsprechend an.

Wie man sehen kann, zielen manche der Prinzipien direkt auf Softwareentwicklung ab. Die meisten Prinzipien lassen sich aber auch auf andere Bereiche problemlos anwenden. Die Agilität basiert auf der Grundidee, dass wir in einer komplexen und nicht vorhersehbaren Welt leben. Deshalb macht es auch wenig Sinn, einen detaillierten Projektplan über mehrere Monate oder gar Jahre zu erstellen. Wie die meisten Menschen wissen, die schon einmal einen Projektplan erstellt haben, hat dieser schon nach kurzer Zeit wenig mit der Realität zu tun. Agilisten kennen dieses Risiko und versuchen dieses mit kurzen Feedbackzyklen und enge Einbindung des Kunden zu minimieren.

Basierend auf dem Agilen Manifest wurden verschiedene Frameworks und Prozesse entwickelt. Dazu gehören u.a. Scrum, XP, DSDM und OpenUP, wobei Scrum das derzeit populärste Framework ist. Mittlerweile haben sich die Ideen aus der agilen Softwareentwicklung auch in andere Bereiche ausgebreitet. So gibt es u.a. das Buch »The Leader's Guide to Radical Management« von Stephen Denning [Denning 2010], das die Ideen aus dem Agilen Manifest aufgreift und deren Anwendung auf den Managementbereich beschreibt.

1.2 Silvesterretrospektive

Vor ein paar Jahren haben wir eine neue Tradition bei uns zu Silvester eingeführt. Wir nennen sie die Silvesterretrospektive. Sie macht nicht nur einen Riesenspaß, sondern hilft auch die Zeit bis Mitternacht zu überbrücken, besonders mit Kindern. Bei uns läuft das Ganze folgendermaßen ab. Zu Beginn der Retrospektive sitzen wir alle zusammen vor dem Fernseher und sehen uns Bilder und manchmal auch ein paar kurze Videos des letzten Jahres an. Dazu habe ich vorab eine CD vorbereitet und die Fotos des Jahres vorselektiert. Diese Phase unserer Retro macht immer einen Heidenspaß und ist mit vielen Lachern verbunden.

Nachdem wir dann das Jahr nochmal Revue passieren ließen, schauen wir uns unsere Maßnahmen und Hypothesen des letzten Jahres an. Dies ist ein wichtiger Teil, denn nur so kann man feststellen, ob die Vorsätze des letzten Jahres den gewünschten Effekt hatten. Wenn dem nicht so ist, kann man sich überlegen, ob man sich das Thema nochmal vorknöpft und eine andere Maßnahme beschließt. Im Anschluss daran fangen wir an, die Dinge zu sammeln, die uns besonders im Gedächtnis geblieben sind. Dazu nutzen wir 3 Kategorien:

- Was hat mir dieses Jahr Spaß gemacht?
- Was fand ich dieses Jahr überhaupt nicht gut oder hat mich geärgert?
- Danke

In die erste Kategorie fallen alle Dinge, die im vergangenen Jahr glücklich oder einfach nur Spaß gemacht haben, wie z.B. der gemeinsame Familienurlaub in einer kirgisischen Jurte. In die zweite Kategorie fallen alle negativen Ereignisse. Hier tauchen auch Dinge wie herumliegende Socken oder nervende Eltern auf. Die dritte Kategorie dient ganz einfach dazu, »Danke« zu sagen. Danke an die Frau oder Mama, danke an die Kinder oder Geschwister usw. immer verbunden mit einem konkreten Fall. Also z.B. »Danke, dass ich mit deinen Skylandern spielen durfte« oder »Danke, dass du mir jeden Morgen ein Pausenbrot richtest«. Anschließend erzählt jeder kurz ein paar Sätze zu seinem Beitrag.

Danach geht es darum, Erkenntnisse und Einsichten zu gewinnen. Jedes Familienmitglied darf sich ein Thema aussuchen, das es besonders wichtig findet. Nach und nach wird jedes Thema besprochen und nach den Grundursachen gesucht. Dafür hat sich bei uns im Augenblick die 5-Warum-Fragetechnik bewährt. Bei dieser Methode beginnt man mit der Frage »Warum ist X passiert oder passiert X ständig?«. Die Antwort dient als Futter für die nächste Warum-Frage und so gräbt man immer tiefer, bis man hoffentlich die eigentliche Ursache gefunden hat. Diese Ursache schreiben wir auf einen Zettel, der uns als Basis für die nächste Phase dient. Diese Methode ist schon um die 100 Jahre alt und geht zurück auf Sakichi Toyoda [Wikipedia 02], den Gründer von Toyota. Er hat diese Methode entwickelt, um Problemen in der Produktion auf den Grund zu gehen, um zu verhindern, dass diese wieder auftreten.

Jetzt geht es um konkrete, messbare Vorsätze für das nächste Jahr, basierend auf unseren Ergebnissen der vorherigen Phase. Dazu machen wir pro Thema ein kurzes Brainstorming mit Ideen. Man glaubt gar nicht, auf was für geniale Ideen Kinder kommen können, auch für Themen, die Mama und Papa auf dem Herzen liegen. Wieder stellt jeder seine Ideen vor und danach wird pro Thema die erfolgversprechendste Idee gewählt. Dazu nehmen wir Klebepunkte, die auf die einzelnen Ideen geklebt werden. Diese Technik nennt man »Mehr-Punkt-Abfrage«. Jeder hat drei Klebepunkte, die er beliebig verteilen darf. Die gewählten Maßnahmen bekommen dann einen prominenten Platz: auf unserem Familienboard im Flur des Hauses, das eine visuelle To-do-Liste darstellt. Es gibt nichts Schlimmeres als Ergebnisse, die später nicht sichtbar sind. Unser Board hilft uns, diese Maßnahmen im Auge zu behalten und sicherzustellen, dass diese auch tatsächlich umgesetzt werden. Ganz wichtig bei den einzelnen Maßnahmen sind die damit verbundenen Hypothesen. Jede Maßnahme ist mit einer testbaren Hypothese verbunden, die wir in der nächsten Retrospektive überprüfen können.

Natürlich braucht eine Retrospektive auch einen würdigen Abschluss. Das ist in diesem Fall ganz einfach: das Silvesterfeuerwerk.

1.3 Das Retrospektiven-Phasenmodell

Wenn Sie im vorherigen Kapitel aufgepasst haben, wird Ihnen vielleicht aufgefallen sein, dass wir bei der Silvesterretrospektive durch 6 Phasen gegangen sind.

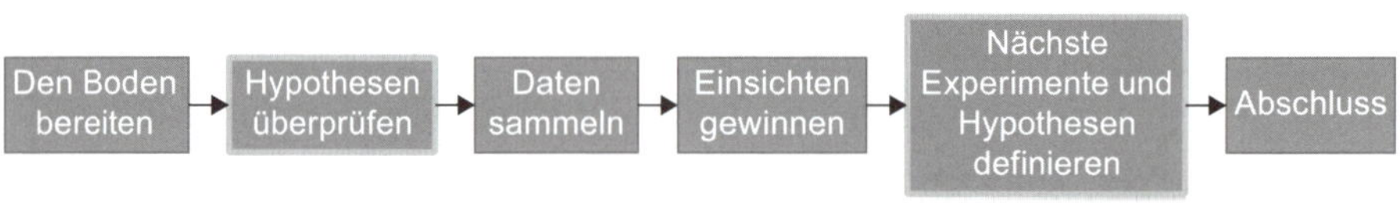

Abb. 1–1 *Die 6 Phasen einer Retrospektive*

Sie bilden die Struktur einer Retrospektive und basieren auf dem ursprünglichen Phasenmodell im Buch von Esther Derby und Diana Larsen [Derby & Larsen 2006], das ich hier erweitert habe. Der große Unterschied besteht darin, dass ich den Schritt »Hypothese überprüfen« eingeführt und den Schritt »Nächste Experimente definieren« um die Definition der Hypothesen erweitert habe. Die Gründe hierfür erläutere ich im weiteren Verlauf dieses Buches. Im Folgenden werde ich diese Phasen etwas genauer erklären.

1.3.1 1. Phase: Den Boden bereiten

Die erste Phase einer Retrospektive sollte den Boden für die Retrospektive bereiten. Diese Phase ist deshalb so wichtig, weil jeder Teilnehmer von einem anderen Ort geistig abgeholt werden muss. Ohne diese Phase besteht das Risiko, dass der ein oder andere Teilnehmer noch seine letzte Aufgabe im Kopf hat, die er gerade noch an seinem Arbeitsplatz bearbeitet hat, und noch nicht bereit wäre, sich auf die Retrospektive einzulassen. Sie dient dazu, alle Teilnehmer der Retrospektive abzuholen und auf die Retrospektive einzustimmen. Am besten startet man mit einem kurzen Willkommen und bedankt sich bei den Teilnehmern, dass sie sich Zeit für diesen Event genommen haben. Man erklärt kurz den Grund und das Ziel der Retrospektive sowie den vorgesehenen Zeitrahmen und die Agenda. Die Agenda ist wichtig, weil schließlich jeder wissen möchte, worin er seine Zeit investiert.

Praxistipp

Sorgen Sie dafür, dass jeder im Raum kurz etwas sagt. Wenn jemand in dieser Phase schweigt, ist die Gefahr groß, dass er es auch den Rest der Retrospektive machen wird. Es ist aber von sehr großer Bedeutung, dass jede Stimme gehört wird, denn nur dann erhält man ein Gesamtbild. Es geht gar nicht darum, dass man eine lange Story erzählt, es reichen schon ein paar Worte pro Person. Dies kann z. B. der eigene Name sein oder dass man in einem Wort die Erwartungen an die Retrospektive beschreibt. Interessanterweise funktioniert diese einfache Technik in den meisten Fällen so gut, dass sich auch die ruhigeren und schweigsamen Teammitglieder an den Diskussionen beteiligen.

Auch der letzte Schritt dieser Phase ist sehr wichtig. Hier geht es darum, eine Atmosphäre zu schaffen, in der auch schwierige Themen angesprochen werden können. Ebenso muss es möglich sein, unangenehme Dinge anzusprechen und zu diskutieren, die sonst eventuell unter den Tisch fallen. Nur in einer solchen Atmosphäre ist es möglich, den Dingen tatsächlich auf den Grund zu gehen und die wahren Probleme anzusprechen. Und dies ist schließlich die Basis für eine erfolgreiche Retrospektive.

Um diese Atmosphäre zu schaffen, gilt es jetzt die Regeln für die Zusammenarbeit festzulegen. Im Englischen spricht man hier von einem »*Working Agreement*«. Manche Teams haben bereits definierte Werte, die sie für ihre tägliche Arbeit festgelegt haben. Wenn dem so ist, sollten Sie diese Werte nutzen und das Team nochmals daran erinnern. Eventuell müssen ein paar Werte an die Retrospektive angepasst werden. Das Gleiche gilt natürlich, wenn das Team bereits Regeln für die Zusammenarbeit definiert hat. Viele agile Teams erstellen hierfür zu Beginn ihrer Zusammenarbeit eine Teamcharta.

Was ist eine Teamcharta?

Eine Teamcharta legt alle Regeln für die Zusammenarbeit in einem Team fest. Sie definiert die Kommunikationsregeln, Verhaltensregeln sowie Zeitpunkt und Länge der regelmäßig stattfindenden Besprechungen. In Softwareentwicklungsteams enthält sie zusätzlich eine Liste der eingesetzten Entwicklungstools und eventuell die Links zu weiterführenden Infos. Die Teamcharta ist u.a. ein guter Startpunkt für neue Teammitglieder. Sie sollte ein lebendes Dokument sein, das iterativ erweitert wird. Wenn das Team das Gefühl hat, sie müsste angepasst werden, dann sollte man das tun. Jede Anpassung sollte allerdings im Team abgesprochen und gemeinsam beschlossen werden.

Sollte es noch keinerlei Regeln für die Zusammenarbeit geben, ist jetzt der richtige Zeitpunkt, diese zu definieren. Aber warum sind diese Regeln so wichtig? Hier ein kurzes Beispiel:

Praxistipp

Sollte das Team noch keine Teamcharta haben, laden Sie gleich nach der Retrospektive zu einem dedizierten Workshop ein, um diese zu erarbeiten.

Nehmen wir an, Ihr Arbeitskollege Dieter hat die Angewohnheit, seinen Laptop in jede Besprechung mitzunehmen. Die Zeit in den Besprechungen nutzt er u.a., um seine E-Mails zu beantworten oder im Netz zu surfen. Startet man jetzt die Retrospektive ohne vorher festgelegte Regeln, wird er das vermutlich auch jetzt wieder machen. Es wird jeden stören, aber keiner hat eine Grundlage, um ihn darauf hinzuweisen und ihn zu bitten, den Laptop zu schließen. Hat man allerdings gemeinsam die Regeln im Vorhinein festgelegt, kann man ihn jederzeit darauf hinweisen. Ein weiterer Vorteil von Regeln zur Zusammenarbeit ist, dass sich alle in der Verantwortung sehen, diese einzuhalten und zu kontrollieren. Das macht es dem Facilitator der Retrospektive wieder ein bisschen einfacher, sich auf die eigentliche Arbeit zu konzentrieren.

Leider ist es genau diese Phase der Retrospektive, die am häufigsten übersprungen wird. Man will Zeit sparen und sofort loslegen. Aus meiner Erfahrung kann ich sagen, dass ich es noch nie bereut habe, das Team durch diese Phase zu begleiten. Wenn das Team schon länger zusammenarbeitet, dauert es häufig nicht länger als fünf Minuten. Das sind fünf Minuten, die das Risiko minimieren, dass jemand nicht zu Wort kommt. Fünf Minuten, die dafür sorgen, dass alle das Gefühl haben, in einer sicheren Umgebung diskutieren und arbeiten zu können. Fünf Minuten, um alle abzuholen und den Kopf frei zu machen für dieses wichtige Meeting. Manchmal können es auch fünf Minuten Spaß sein. Sie können z.B. fragen, mit welchem Auto Ihre Teammitglieder den Zeitraum vor der Retrospektive vergleichen würden. Nur ein bis zwei Wörter und alle sind dabei.

Check-in

Die hier beschriebene Technik nennt sich Check-in und wird im Buch von Derby und Larsen [Derby & Larsen 2006, S.42] beschrieben. Sie wird eingesetzt, nachdem man die Teilnehmer begrüßt hat und das Ziel der Retrospektive vorgestellt hat. Der Facilitator stellt eine kurze Frage, die jeder Teilnehmer der Reihe nach, möglichst kurz beantwortet. Hier ein paar Beispiele für eine solche Frage:

- In ein oder zwei Worten, was erhoffst du dir von dieser Retrospektive?
- Wenn du die letzte Iteration mit einem Auto vergleichen müsstest, was für ein Auto wäre es?
- Mit welcher Großwetterlage (Sonnig, Bewölkt, Regnerisch, Gewitter) würdest du deinen jetzigen Gemütszustand beschreiben?

Es ist o.k., wenn ein Teilnehmer »Ich passe« sagt. Schon dieser Satz reicht, damit seine Stimme gehört wurde.

Zur Erinnerung: Bei der Silvesterretrospektive bereite ich den Boden, indem wir uns die Bilder und Videos des vergangenen Jahres ansehen. Und glauben Sie mir, das macht eine Menge Spaß!

1.3.2 2. Phase: Hypothesen überprüfen

Die Idee dieser Phase ist es, die eigenen Hypothesen der letzten Retrospektive zu überprüfen. Diese Hypothesen werden idealerweise zusammen mit den beschlossenen Experimenten der vorherigen Retrospektive definiert (siehe Abschnitt 1.3.5). Warum aber ist dieser Schritt so wichtig?

Nehmen wir einmal an, dass Sie in der letzten Retrospektive das Problem diskutiert haben, dass die Kommunikation mit Ihrem Produktmanagement sehr schlecht ist. Fragen werden nur mit großen Verzögerungen beantwortet und das Produktmanagement ist nur schwer erreichbar. Am Ende der Retrospektive haben Sie dann beschlossen, dass der Produktmanager dem Team jeden Tag eine dedizierte Stunde zur Verfügung steht. In dieser Stunde sollen die offenen Fragen diskutiert und beantwortet und die Verzögerungen auf ein Minimum reduziert werden. Die Hypothese, die Sie mit dieser Maßnahme verbinden, ist vielleicht die folgende: »Offene Fragen werden nun in weniger als 24 Stunden beantwortet.« Das wäre schon eine ordentliche Verbesserung zum gegenwärtigen Prozess, bei dem das Team teilweise mehrere Wochen auf eine Antwort gewartet hat. Ein paar Wochen vergehen und die nächste Retrospektive steht an. Nachdem der Boden bereitet wurde, geht das Team daran, die Hypothesen zu überprüfen. Es stellt sich heraus, dass die Hypothese falsch war. Es scheint zwar, dass das Beantworten etwas besser geworden ist, aber von den 24 Stunden ist man noch weit entfernt. Das Problem ist also noch nicht aus der Welt geschafft. Somit wird das Team im weiteren Verlauf der Retrospektive versuchen, die Ursachen dafür zu erarbeiten und entweder die Maßnahme anzupassen oder neue Maßnahmen zu definieren. Dabei könnte sich z.B. herausstellen, dass der Produktmanager nicht einbezogen wurde und einfach vor vollendete Tatsachen gestellt wurde. Dies hat ihn eher verärgert als zu einer besseren Zusammenarbeit mit dem Team motiviert. Mithilfe von Hypothesen wird das Team in die Lage versetzt, so lange an einem Thema zu arbeiten, bis das Problem entweder gelöst oder auf ein erträgliches Maß reduziert wurde.

Praxistipp

Nutzen Sie die nächsten Phasen der Retrospektive gezielt dafür, danach zu forschen, warum eine oder mehrere Hypothesen nicht so eingetreten sind wie erwartet.

Das Beispiel zeigt, dass Hypothesen ein wichtiges Werkzeug sind. Einige Teams überprüfen lediglich, ob die Maßnahmen, die in der vorherigen Retrospektive beschlossen wurden, auch durchgeführt wurden. Nur wenige überprüfen, ob diese Maßnahmen auch den gewünschten Effekt hatten. Aber nur so hat man eine Basis, einen Bereich tatsächlich zu verbessern. Sicherlich ist das kein Allheilmittel, aber in den meisten Fällen ist es zielführend. Gleichzeitig helfen Hypothesen den Retrospektiven einen Sinn zu geben. Und sie helfen dabei, fokussiert an einem Thema zu bleiben, anstatt ein neues Fass aufzumachen.

1.3.3 3. Phase: Daten sammeln

Nun kommen wir zum eigentlichen Rückblick im ursprünglichen Sinne des Wortes »Retrospektive«. Ziel dieser Phase ist es, Daten zu einem vergangenen, klar definierten Zeitraum zu sammeln. Dies kann die letzte Iteration sein, der Zeitraum eines gesamten Projekts oder auch nur der letzte Arbeitstag. Die Zeitspanne zwischen einem Ereignis und einer Retrospektive sollte so kurz wie möglich gehalten werden. Das Hauptziel dieser Phase ist es, ein gemeinsames Verständnis für diese Zeitspanne zu schaffen. Jeder bekommt die Möglichkeit, seine Sichtweise der Dinge darzulegen. Ohne dieses gemeinsame Bild fehlt das Verständnis für die Sichtweise und Meinungen der anderen und man würde dazu tendieren, seine eigenen Meinungen und Sichtweisen einfach auf andere zu projizieren.

Zuerst beginnt man damit, die harten Fakten zu sammeln. Dies kann alles sein, angefangen bei Besprechungen bis hin zu Entscheidungen oder persönlichen Erfahrungen, die während dieser Periode stattgefunden haben. Alles, was für irgendjemanden im Team eine Bedeutung hat und hatte, sollte dort auch auftauchen. Auch Metriken können in diese Phase einfließen, wie z.B. die Anzahl der fertiggestellten Anforderungen oder die Anzahl der geschlossenen, offenen und neuen Fehler und was einem sonst so einfällt. Je lebendiger das Ergebnis am Ende ist, desto besser.

Abb. 1–2 *Gesammelte Daten mittels eines Zeitstrahls*

Man kann das alles diskutieren, es hat sich aber gezeigt, dass es von großem Vorteil ist, wenn diese Diskussionen visualisiert werden. Die Visualisierung vereinfacht die Aufnahme von Informationen. Insbesondere bei längeren Retrospektiven ist eine Visualisierung des Geschehenen unerlässlich. Eine Möglichkeit zur Visualisierung ist der Zeitstrahl. Mit der Hilfe eines Zeitstrahls, z.B. an einem Whiteboard, lassen sich die Ereignisse in einen zeitlichen Bezug setzen.

Diese harten Fakten sind aber nur ein Teil der Geschichte. Genauso wichtig ist die persönliche Wahrnehmung, die man währenddessen hatte. Sie zeigt, welche Ereignisse wichtig und welche eher unwichtig waren. Die Kombination von Fakten und eigener Wahrnehmung helfen dabei die Dinge anzusprechen, die das Team am meisten beschäftigt haben. Gleichzeitig zeigen diese Emotionen aber auch auf, in welchen Situationen sich das Team wohlgefühlt hat. Das eröffnet die Möglichkeit zu schauen, wie man häufiger in diesen Wohlfühlmodus kommen kann. Es ist wichtig, auch über diese emotionalen Dinge zu sprechen, da sie ansonsten im täglichen Arbeitsleben untergehen und Energie sowie Motivation schlucken.

Im süddeutschen Raum gibt es das Sprichwort »Schwätze muss man mit de' Leut'« und das trifft es ganz gut. Nur wenn man mit seinem Team darüber spricht, was einen beschäftigt, hat man auch die Möglichkeit, an diesen Dingen zu arbeiten. Negatives kann man beseitigen und Positives verstärken.

Bevor man mit dem nächsten Schritt fortfährt, nimmt man sich die Zeit, zusammen mit dem Team das erstellte Gesamtbild zu betrachten. Das kann man entweder, indem jeder seine Punkte kurz vorstellt oder indem man dem Team die Zeit gibt, das Ergebnis in Ruhe zu betrachten, während es z.B. am Zeitstrahl entlang läuft.

Zur Erinnerung: In der Silvesterretrospektive haben wir die Daten gesammelt, indem wir Ereignisse in den 3 Kategorien

- Was hat mir dieses Jahr Spaß gemacht?
- Was fand ich dieses Jahr überhaupt nicht gut oder hat mich geärgert?
- Danke

gesammelt haben und jeder seine Themen kurz vorgestellt hat. Dadurch, dass wir in die Frage bereits den emotionalen Anteil integriert haben, bekommen wir bei der Antwort automatisch eine Kombination aus harten Fakten und den dabei empfundenen Gefühlen. Aus meiner Erfahrung kann ich sagen, dass man diese Phase der Retrospektive besonders oft variieren sollte. Welche Variationsmöglichkeiten es gibt, werden Sie im weiteren Verlauf des Buchs lernen.

1.3.4 4. Phase: Einsichten gewinnen

Bei diesem Schritt geht es darum, Einsichten zu gewinnen, das heißt, es geht kurz gesagt darum zu verstehen, was die möglichen Ursachen und Zusammenhänge sind. Die gesammelten Ereignisse der vorherigen Phase werden analysiert und man stellt sich die Frage, warum diese Dinge passiert sind. Man versucht also Einsichten zu gewinnen und nach den grundlegenden Ursachen für diese Dinge zu forschen.

Neben der ersten Phase ist es diese Phase, die am häufigsten vergessen wird. Viele Teams überspringen diese Phase, um direkt Maßnahmen zu definieren, ohne sich vorher Gedanken gemacht zu haben, was denn die Ursachen sind. Das führt dazu, dass man nur an der Oberfläche kratzt und lediglich die Symptome behandelt, anstatt die tatsächlichen Ursachen zu beseitigen. Das ist keine gute Idee, denn meist führt ein scheinbar offensichtlicher Weg aus der Misere wieder direkt dorthin zurück. Wenn diese Phase gut durchgeführt wird, bereitet sie die Basis für die nächste Phase: die Definition der nächsten Experimente und deren Hypothesen. Dabei darf man nicht versuchen, alle Probleme auf einmal anzugehen, sondern man selektiert gemeinsam in der Gruppe, welche Themen am wichtigsten erscheinen. Man kann schließlich nicht alle Probleme in einer einzigen Retrospektive aus der Welt schaffen. Diese Phase soll dem Team helfen einen Schritt zurückzutreten, das gesamte Bild zu sehen und in die Ursachenforschung einzusteigen. Nur mit den dabei gewonnenen Einsichten lassen sich sinnvolle Maßnahmen definieren.

Zur Erinnerung: Bei unserer Silvesterretrospektive darf jedes Familienmitglied das für sie oder ihn wichtigste Thema wählen, das es in dieser Phase besprechen möchte. Bei größeren Gruppen ist das keine gute Idee, da es keinen Sinn macht, an mehr als 3–4 Themen während der Retrospektive zu arbeiten. Wir nutzen derzeit die »5 Warums«, um nach den Ursachen zu forschen. Wenn unsere Kinder älter sind, werden wir sicher auch mal etwas anderes ausprobieren.

1.3.5 5. Phase: Nächste Experimente und Hypothesen definieren

Jetzt hat man eine gute Basis für diese Phase. Man hat ein Gesamtbild und gemeinsames Verständnis geschaffen und man hat Einsichten gewonnen, die hinter den verschiedenen Ereignissen standen. An diesem Punkt haben die meisten Teammitglieder schon ein paar Ideen im Kopf, was sie als Nächstes verbessern oder ausprobieren möchten. Es ist also an der Zeit, sich auf ein paar wenige Dinge zu einigen und zu entscheiden, wie man das umsetzen will. Dazu konzentriert sich das Team auf ein bis zwei Dinge. So kann man dafür sorgen, am Ende nicht mit einer langen Liste von Verbesserungen und Experimenten in die nächste Projektphase oder Iteration zu starten. Nur so kann man wirklich sicherstellen, dass man auch genug Zeit hat, um diese Dinge umzusetzen, schließlich gibt es ja auch noch das normale Tagesgeschäft. Wenn man zu viele Dinge auf einmal ändern will, kann das zu Problemen führen. Außerdem ist es später schwieriger zu sagen, welches Experiment tatsächlich einen Effekt hatte.

Ich spreche hier absichtlich von Experimenten. Keiner weiß, was passieren wird, wenn man etwas ausprobiert. Wir haben zwar eine Vorstellung, was eventuell passieren könnte (unsere Hypothese), aber sicher sagen, kann es niemand. Man könnte es mit einem Forscher im Labor vergleichen, der ein Experiment startet, um seine Hypothese zu bestätigen. Auch er weiß erst am Ende seines Experiments, ob es tatsächlich geklappt hat. Um effektiv mit solchen Experimenten zu arbeiten, ist es deshalb von Vorteil, seine Retrospektiven in regelmäßigen und möglichst kurzen Abständen zu wiederholen, um einen sicheren Raum dafür zu schaffen. Man macht weniger kaputt, wenn man ein Experiment nach einem gewissen Zeitraum abbricht, anstatt es unkontrolliert weiterlaufen zu lassen.

Genauso wichtig wie die Definition des Experiments selbst ist auch die Definition der dazugehörigen Hypothese. Man führt ein Experiment ja nicht (nur) zum Spaß durch, sondern weil man glaubt, etwas damit zu bewirken. Die Hypothese wird so definiert, dass man in der Lage ist, diese in der nächsten Retrospektive zu überprüfen. Dazu muss sie testbar sein. Eine Hypothese wie »Weniger Fehler in der Software« ist nicht überprüfbar. Besser ist die Hypothese »Bekannte Fehler in der Software reduziert auf 10«. Man muss sich immer überlegen, wie man seine Hypothese testen kann. Nur so kann man sie sinnvoll verwenden und neue Experimente definieren, sollte sie nicht eingetroffen sein.

Praxistipp

Stellen Sie explizit heraus, dass jede hier definierte Maßnahme nichts Weiteres als ein Experiment ist. Niemand kann vorher wissen, was das tatsächliche Ergebnis des Experiments ist.

Es ist sinnvoll, wenn man die Ergebnisse sichtbar für alle aufhängt. Wenn man in einem agilen Team, wie z.B. einem Scrum-Team, arbeitet, lässt man die definierten Experimente im nächsten Planungsmeeting mit einfließen. Sie sind Teil der normalen Aufgaben und keine Extraaufgaben. Und so sollten sie auch behandelt werden. Ferner ist es wichtig, dass sich das Team dazu bereit erklärt, an diesen Aufgaben zu arbeiten. Am besten ist es, wenn sich eine Person als Verantwortlicher für das Experiment meldet. Diese Person muss das Experiment nicht alleine durchführen, sie ist aber dafür verantwortlich. Wenn man das versäumt, ist die Gefahr groß, dass sich niemand für diese Aufgabe verantwortlich fühlt – getreu dem Motto »Toll Ein Anderer Macht's (TEAM)«.

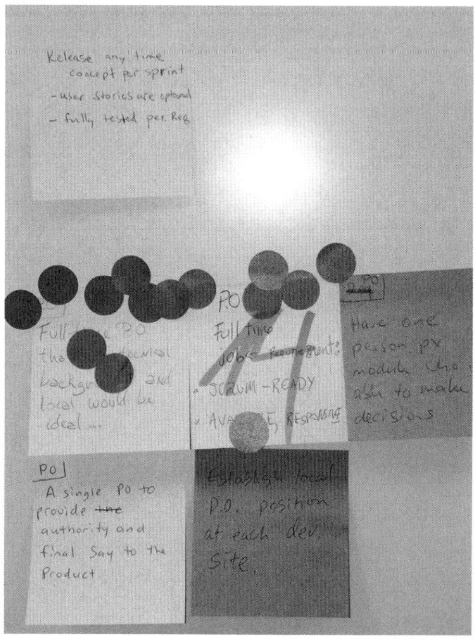

Abb. 1–3 *Mehr-Punkt-Abfrage*

Zur Erinnerung: Die Experimente haben wir in der Silvesterretrospektive mit Klebepunkten ausgewählt und danach sichtbar aufgehängt. Dies ist nützlich, um den Status im Auge zu behalten. Nichts ist schlimmer als Aufgaben, die in irgendeinem Dokument, Wiki oder einer E-Mail verschwinden.

1.3.6 6. Phase: Abschluss

Am Ende einer Retrospektive verwendet man ein paar Minuten darauf, eine kurze Nachbereitung zu machen und die Ergebnisse zu feiern. Man muss die Zeit und Energie wertschätzen, die das Team in die Retrospektive und die vorangegangene Zeit gesteckt hat. Die Ergebnisse müssen auch vernünftig dokumentiert werden. Das kann der Ausdruck des Whiteboards sein, Fotoprotokolle oder große Flipcharts mit dem Erarbeiteten. Wie schon oben beschrieben, werden diese Dinge sichtbar im Teamraum aufgehängt. Zum Abschluss gehört auch eine kurze Diskussion, wie man jetzt weiter verfährt. So stellt man sicher, dass alle wissen, wie es jetzt weitergeht.

Ganz am Ende ist auch eine kurze Retrospektive der Retrospektive selbst sinnvoll. Schließlich will man auch hier immer und immer besser werden. Dies kann man z.B. mit einer kurzen ROTI-Skala (Return On Time Invested) machen.

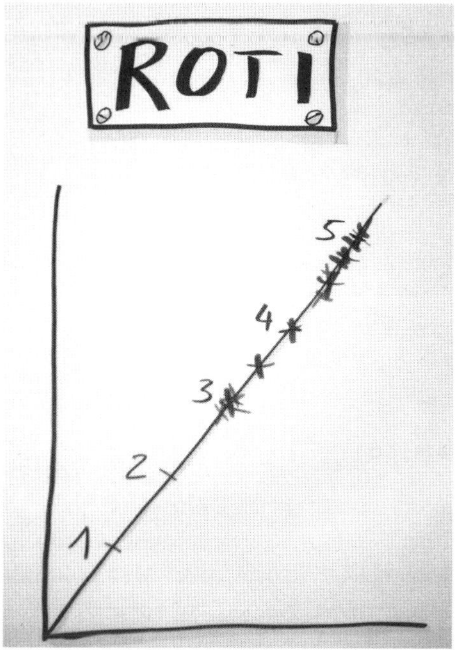

Abb. 1–4 *ROTI-Flipchart*

Was ist eine ROTI-Skala (Return On Time Invested)?

Dieses Tool wird häufig dazu verwendet, schnelles Feedback vom Team nach einem Meeting zu bekommen. Es ist ein recht guter Indikator, um festzustellen, ob z.B. eine Retrospektive ankommt oder ob man für das nächsten Mal noch daran feilen sollte. Man zeichnet eine x- und eine y-Achse und dann eine Diagonale. Diese Diagonale ist die eigentliche Skala und wird mit den Zahlen von 1 bis 5 beschriftet. Die 1 steht für »Dieses Meeting war eine totale Zeitverschwendung«. Die 3 steht für »Ich habe genau so viel aus dem Meeting mitgenommen, wie ich darin zeitlich investiert habe«. Die 5 steht dann für »Das Meeting war absolut genial, ich habe viel mehr mitnehmen können, als ich zeitlich investiert habe«. Jeder Teilnehmer macht dann sein Kreuz an der Stelle, die ihm persönlich richtig erscheint. So entsteht am Ende eine Skala, wie auf dem Bild dargestellt. Wie man sieht, war das Team wohl recht zufrieden mit der Retrospektive.

Zur Erinnerung: Die Silvesterretrospektive konnten wir mit einem wunderschönen Feuerwerk feiern. Leider kann man das nicht jeden Tag machen, aber ein leckerer Kuchen am Ende einer Retrospektive kann auch Wunder wirken.

Praxistipp

Die Zeit, die man für die einzelnen Phasen einplanen muss, ist natürlich von der Gesamtlänge der Retrospektive abhängig und außerdem von der gewählten Aktivität, die man während der Phase einsetzen möchte. Trotz allem ist der prozentuale Anteil der einzelnen Phasen in jeder Retrospektive in etwa gleich. Hier ein Beispiel für eine 60-minütige Retrospektive:

1. Den Boden bereiten (5 Minuten, 1/12 der Zeit)
2. Hypothesen überprüfen (5 Minuten, 1/12 der Zeit)
3. Daten sammeln (10 Minuten, 1/6 der Zeit)
4. Einsichten gewinnen (20 Minuten, 1/3 der Zeit)
5. Nächste Experimente und Hypothesen definieren (15 Minuten, 1/4 der Zeit)
6. Abschluss (5 Minuten, 1/12 der Zeit)

Diese Zeiteinteilung ist selbstverständlich nur ein Richtwert. In den meisten Fällen ist sie allerdings ein sehr guter Startpunkt.

1.3.7 Zusammenfassung

Das Phasenmodell liefert ein einfaches Gerüst, das dabei hilft, effektive Retrospektiven durchzuführen. Wenn man sich an dieses Gerüst hält, hat man eine ideale Basis für eine erfolgreiche Retrospektive. Man sollte sich klarmachen, dass jede Retrospektive einzigartig ist. Keine Retrospektive ist wie die andere, jede ist für sich ein Unikat. Diese 6 Phasen helfen Ihnen, eine Retrospektive zu planen und erfolgreich durchzuführen. Sie wurden schon vielfach erprobt und sind zielführend. Im Rest des Buchs werden Sie lernen, wie Sie diese 6 Phasen mit Leben füllen können und wie Sie mit den typischen Fallstricken umgehen können.

1.4 Wo finde ich Aktivitäten für die Phasen?

Die 6 Phasen einer Retrospektive sind lediglich eine Hülle. Sie sind eine Hilfe dabei, wie man Retrospektiven idealerweise strukturiert. Wie viele andere Frameworks geben sie zwar vor, was man machen soll, aber nicht wie. Man muss diese Phasen also mit Leben füllen, indem man sich verschiedene Aktivitäten sucht, die man in den jeweiligen Phasen durchführen kann. Diese Aktivitäten wiederum müssen mit zu den jeweiligen Phasen passen. Wenn man noch wenig Erfahrung mit diesem Thema hat, kann es ganz schön schwierig sein, etwas Passendes zu finden.

Praxistipp

Gerade am Anfang sollten Sie ein ständiges Wechseln der verschiedenen Aktivitäten vermeiden und erst einmal ein paar wenige Aktivitäten ausprobieren.

Viele erfahrene Retrospektiven-Facilitatoren haben über ihre Ideen geschrieben und sie im Internet zugänglich gemacht. Außerdem gibt es spezielle Angebote im Netz, die sich auf das Thema Retrospektive fokussiert haben. In den folgenden Abschnitten werde ich ein paar der Quellen vorstellen, die ich selbst nutze oder genutzt habe. Darüber hinaus werden Sie im Laufe des Buchs noch ein paar Techniken kennenlernen, mit denen man selbst eigene Aktivitäten generieren kann. Aber mit den folgenden Quellen kommt man schon recht weit.

Praxistipp

Achten Sie bei der Auswahl der Aktivitäten darauf, dass diese aufeinander abgestimmt sind. Die Ergebnisse aus der einen Phase sollten in der nächsten Phase weiterverwendet werden können. Es reicht also nicht, wahllos irgendwelche Aktivitäten auszusuchen. Nur wenn die Abstimmung stimmt, bekommt man ein gutes Ergebnis – wie bei der Abstimmung der Zutaten bei einem guten Essen.

1.4.1 Buch »Agile Retrospectives«

Wie schon weiter oben beschrieben, ist das Buch »Agile Retrospectives – Making good teams great« von Esther Derby und Diana Larsen [Derby & Larsen 2006] eines der Standardwerke zum Thema Retrospektive. Es war das erste Buch, das Retrospektiven im Kontext der agilen Softwareentwicklung besprochen hat. Nach einer kurzen Einführung in das Thema und der Beschreibung des Phasenmodells geht das Buch recht schnell in den praktischen Teil über. 80% des Buchs bestehen aus Beschreibungen von Aktivitäten, die in den einzelnen Phasen durchgeführt werden können. Für jede Aktivität werden das Ziel, die benötigte Zeit, die einzelnen Schritte, das benötigte Material und eventuelle Variationen genau erläutert.

Insgesamt werden 38 Aktivitäten beschrieben, mit denen man sicher einige Retrospektiven gestalten kann. Wenn man diese Aktivitäten immer wieder kombiniert, kommt man damit über einen recht langen Zeitraum, ohne dass es langweilig wird.

1.4.2 Retr-O-Mat

Auf diese Seite bin ich per Zufall gestoßen und empfehle sie seitdem bei jeder Gelegenheit weiter. Einfacher als mit dieser Seite kommt man nicht an Aktivitäten für seine eigene Retrospektive. Die Seite ist recht einfach aufgemacht und wurde von Corinna Baldauf[1] ins Leben gerufen.

Wenn man die Seite das erste Mal aufruft, bekommt man sofort einen möglichen Plan für seine Retrospektive präsentiert. Für jede der Phasen wird eine Aktivität vorgeschlagen. Wenn mir die Aktivitäten nicht gefallen, kann ich entweder

1. *http://finding-marbles.com/*

einen komplett neuen Plan generieren lassen oder ich kann mich durch verschiedene Aktivitäten pro Phase klicken, bis ich gefunden habe, was mir gefällt. Die verschiedenen Aktivitäten stammen aus unterschiedlichen Quellen und enthalten auch jene aus [Derby & Larsen 2006]. Jeder Plan erhält eine eindeutige Nummer, sodass ich ihn jederzeit wieder aufrufen oder mit anderen teilen kann. Im Augenblick enthält der Retr-O-Mat schon 60 Aktivitäten und es kommen immer neue hinzu. Wenn man möchte, kann man sogar seine eigenen Aktivitäten hinzufügen lassen. Den Retr-O-Mat findet man unter [Retromat].

1.4.3 Retrospektiven-Wiki

Eine weitere ausgezeichnete Quelle für Ideen, wie man seine Retrospektiven gestalten kann, ist das Retrospektiven-Wiki [Retro-Wiki]. Dieses Wiki enthält neben Tipps & Tricks, Beschreibungen typischer Probleme und deren mögliche Lösungen sowie Links zu weiteren Quellen auch eine Liste von möglichen Aktivitäten und komplette Pläne für Retrospektiven. Auch dieses Wiki wird ständig erweitert und gepflegt. Viele der Aktivitäten kennt man vielleicht schon aus den vorher genannten Quellen, aber es sind auch ein paar neue Ideen dabei.

1.4.4 Tasty Cupcakes

Die Seite Tasty Cupcakes [Tastycupcakes] ist eigentlich keine dedizierte Seite zum Thema Retrospektiven. Sie enthält viele verschiedene Spiele und Simulationen, die man in allen möglichen Lebenslagen einsetzen kann. Dies kann ein Workshop zum Thema Produktinnovation sein oder aber eine Simulation, um das Verständnis für ein bestimmtes Thema deutlich zu machen. Die Seite wurde von Michael McCullough und Don McGreal ins Leben gerufen, nachdem sie auf der Agile2008-Konferenz verschiedene Spiele vorgestellt hatten. Unterstützt werden sie dabei von Michael Sahota.

Selbstverständlich enthält sie auch ein paar Ideen, die man in Retrospektiven einsetzen kann. Dazu klickt man einfach in der Tag Cloud auf das Wort »retrospective« oder »retrospectives« und schon erhält man eine Liste potenzieller Aktivitäten. Auch diese Seite wird ständig erweitert und gepflegt, sodass es sich lohnt, von Zeit zu Zeit wieder einen Blick darauf zu werfen.

1.4.5 Buch »Game Storming«

Das Buch »Game Storming« [Gray et al. 2010] ist eine wundervolle Sammlung von kreativen Spielen, um Innovationen und Veränderungen zu unterstützen. Manch einer mag sich an dem Wort »Spiel« stören, in Wirklichkeit haben die im Buch vorgestellten Kreativitätstechniken weniger mit Spielen an sich als vielmehr mit spielerischen Herangehensweisen zu tun.

Das Buch ist ein praktisches Nachschlagewerk mit insgesamt 88 verschiedenen Aktivitäten, von denen die meisten problemlos auch in Retrospektiven eingesetzt werden können. Schließlich ist eine Retrospektive auch nichts anderes als ein Katalysator für Veränderungen. Die Aktivitäten sind in 4 Kategorien eingeteilt:

- Core Games
- Games for Opening
- Games for Exploring
- Games for Closing

Die Namen der Kategorien haben z.T. eine große Ähnlichkeit mit den 6 Phasen einer Retrospektive. So lässt sich vielleicht erahnen, dass sich die Aktivitäten in der Kategorie »Games for Opening« vermutlich gut in der Phase »Den Boden bereiten« einsetzen lassen. Die Aktivitäten in der Kategorie »Games for Exploring« sind teilweise sowohl zum »Daten sammeln« als auch zum »Einsichten gewinnen« geeignet und die Kategorie »Games for Closing« zum »Experimente zu definieren« und um die Retrospektive abzuschließen. Hier ein möglicher Plan für eine Retrospektive mit Aktivitäten aus diesem Buch:

1. Den Boden bereiten:	Draw the Problem (S. 90)
2. Daten sammeln:	Pain-Gain Map (S. 190)
3. Einsichten gewinnen:	Understanding Chain (S. 218)
4. Experimente definieren:	Prune the Future (S. 247)
5. Abschluss:	Plus/Delta (S. 246)

Bei allen Aktivitäten im Buch wird das Ziel erklärt und die eigentliche Aktivität ausführlich beschrieben. Außerdem wird die ungefähr benötigte Zeit genannt, was beim Erstellen der Agenda sehr hilft. Zu guter Letzt nennt es auch die Anzahl der benötigten Teilnehmer, eine wichtige Information, damit die Aktivität auch effektiv durchgeführt werden kann.

Zusätzlich zu den gesammelten Aktivitäten enthält das Buch eine sehr gute Einführung zum Thema »Game Storming«. Es erklärt, worauf es hier ankommt, was die einzelnen Phasen sind und stellt somit eine Basis zur Verfügung, um eigene Aktivitäten zu entwickeln. Das Buch ist ein Muss für alle, die es mit Retrospektiven und Veränderungen ernst meinen.

1.5 Die »Prime Directive«

Mancher Facilitator von Retrospektiven beginnt diese mit dem obersten Grundsatz, der sogenannten »Prime Directive«. Diese wurde von Norman Kerth in seinem Buch [Kerth 2001] das erste Mal beschrieben. Dieser Grundsatz soll dabei helfen, den Boden für die Retrospektive zu bereiten. Ins Deutsche übersetzt lautet dieser oberste Grundsatz in etwa:

Unabhängig davon, was wir heute entdecken, verstehen und glauben wir aufrichtig, dass in der gegebenen Situation mit dem verfügbaren Wissen und den Ressourcen und unseren individuellen Fähigkeiten jede(r) sein Bestes getan hat.

Dieser Grundsatz wird am Anfang einer Retrospektive laut verlesen, und zwar genau in diesem Wortlaut.

Praxistipp

Die »Prime Directive« muss nicht bei jeder Retrospektive verlesen werden. In späteren Retrospektiven reicht es, noch einmal darauf zu verweisen, dann kann sich das jeder selbst noch einmal durchlesen.

Die Idee dabei ist, jedem klarzumachen, dass wir alle Menschen sind und Fehler machen. Gleichzeitig weist der Grundsatz darauf hin, dass man nicht davon ausgehen darf, dass Dinge in böser Absicht passiert sind.

Viele Retrospektiven-Facilitatoren schwören auf die »Prime Directive«. Sie sind der Meinung, dass Retrospektiven, die nicht mit diesem obersten Grundsatz starten, weniger effektiv sind und nicht so nützlich. Pat Kua schreibt in seinem Buch [Kua 2012], dass dies mit dem sogenannten Pygmalion- oder auch Rosenthal-Effekt [Wikipedia 07] zusammenhängt. Dieser Effekt wird im Volksmund auch gern als »selbsterfüllende Prophezeiung« bezeichnet.

Ein Beispiel für diesen Effekt: Hat ein Lehrer bereits eine (vorweggenommene) positive Einschätzung von einem Schüler (etwa »der Schüler ist hochbegabt«), so wird sich diese Ansicht im späteren Verlauf auch bestätigen. Dieses wird dadurch ermöglicht, dass der Lehrer seine Erwartungen in subtiler Weise dem Schüler übermittelt, z.B. durch persönliche Zuwendung, die Wartezeit auf eine Schülerantwort, durch Häufigkeit und Stärke von Lob oder Tadel oder durch hohe Leistungsanforderungen. Es handelt sich keinesfalls um eine absichtliche Handlung, sondern ist vielmehr unbewusst.

Man ist also der Meinung, dass sich jemand besser verhält, wenn man sie/ihn so behandelt, als wäre er dazu in der Lage. Tatsächlich wurden die Ergebnisse von Rosenthal mehrfach infrage gestellt und konnten nur in 40% der Fälle reproduziert werden [Wikipedia 07].

Um es kurz zu machen: Ich glaube persönlich nicht daran, dass der Erfolg oder das Ergebnis einer Retrospektive von der »Prime Directive« abhängt, sondern vielmehr von den Werten, die sie verkörpert. Ich habe schon sehr viele erfolgreiche Retrospektiven geleitet, bei der dieser oberste Grundsatz nicht explizit erwähnt wurde. Ich will damit nicht sagen, dass dieser Grundsatz keine gute Sache ist. Gerade in neuen Teams oder bei Teams, die ihre erste Retrospektive erleben, kann das Verlesen des Grundsatzes einen positiven (leider nicht messbaren) Effekt haben. Nach meiner Erfahrung nutzt sich der Effekt allerdings ab, wenn man die Direktive bei jeder Retrospektive vorliest. Das ist so ähnlich wie bei den Sicherheitsbelehrungen vor einem Flug. Wenn man das erste Mal fliegt, verfolgt man diese Belehrung mit höchster Aufmerksamkeit, bei den nächsten Flügen wird es weniger, bis man am Ende gar nicht mehr darauf achtet.

Eine positive Einstellung ist wichtig für eine erfolgreiche Retrospektive, aber ich denke, dass man das auch anders erreichen kann. Für mich ist die »Prime Directive« nur eine Form, um das zu bewirken (wobei die Direktive allein auch kein Garant ist).

Seit Kurzem gibt es einen alternativen obersten Grundsatz, der zwar etwas länger ist, für manche Teams aber vielleicht besser funktioniert [Young 2013]. Mir persönlich gefällt vor allem, dass er in der Ich-Form geschrieben ist und somit einen noch mehr anspricht. Zumindest ging es mir so, als ich ihn zum ersten Mal gelesen habe. Leider liegt auch dieser Alternativvorschlag nur in Englisch vor. In Deutsch lautet er in etwa:

> *Manche Tage sind besser als andere. An manchen Tagen bin ich im »Flow« und leiste herausragende Arbeit. An manchen Tagen realisiere ich am Ende des Tages, dass ich eine Menge Zeit verschwendet habe, Fehler gemacht habe, die ich hätte voraussehen können oder bei denen ich manches anders hätte machen können. Ungeachtet dessen, dass es diese Tage gab, ist unser Ziel hier, diese Fragen zu beantworten:*
>
> - *Was können wir aus unseren vergangenen Taten und Gedanken lernen, das unsere zukünftigen Taten und Gedanken beeinflusst, sodass wir etwas besser werden?*
> - *Wie können wir unsere Umgebung verändern (»das System«), sodass es uns einfacher fällt, herausragende Arbeit zu leisten, und es weniger wahrscheinlich ist, dass wir unsere Zeit verschwenden und Fehler machen?*

Im Gegensatz zur originalen »Prime Directive« enthält dieser Grundsatz auch das Ziel einer Retrospektive und macht klar, um was es eigentlich geht. Aber auch diese Alternative ist nur ein Werkzeug und noch lange kein Garant für eine gelungene Retrospektive. Ich möchte Ihnen ans Herzen legen, mit beiden Direktiven zu experimentieren und sich selbst ein Bild zu machen, welche Auswirkungen es auf Ihre Retrospektiven hat. Die »Prime Directive« kann ein wertvolles Werkzeug sein, wenn man sie richtig einsetzt.

1.6 Zusammenfassung

Wenn ich in diesem Buch von Retrospektiven spreche, dann davon, wie Sie Retrospektiven nutzen können, um einen kontinuierlichen Verbesserungsprozess zu etablieren. Der Blick zurück in die Vergangenheit ist nur ein Teil davon und noch nicht einmal der Wichtigste. Retrospektiven sollen helfen, Einsichten zu gewinnen und neue Dinge zu probieren, zu experimentieren und gleichzeitig zu hinterfragen. So soll ein zielgerichteter und sinnvoller Verbesserungsprozess unterstützt werden.

Retrospektiven können in allen Lebensbereichen eingesetzt werden. Sei es die eigene, persönliche Retrospektive einmal im Jahr oder der Einsatz von Retrospektiven in der Freizeit, z.B. im Verein. Am häufigsten ist sie immer noch im Berufsleben anzutreffen, am Ende von Projekten oder in Form von sogenannten »Herzschlag«-Retrospektiven bei agilen Teams.

Herzschlag-Retrospektiven

Der Begriff Herzschlag-Retrospektive (engl. Heartbeat Retrospective) bedeutet, dass Retrospektiven nach jeder Iteration eines Teams durchgeführt werden. Da diese typischerweise 1–4 Wochen langen Iterationen in regelmäßigen Abständen stattfinden, bilden sie den Herzschlag des Teams. Daher der Begriff »Herzschlag«-Retrospektive.

Um Retrospektiven möglichst effektiv zu gestalten, gibt es einen 6-phasigen Prozess, der den Rahmen vorgibt:

1. Den Boden bereiten
2. Hypothesen überprüfen
3. Daten sammeln
4. Einsichten gewinnen
5. Neue Experimente und Hypothesen definieren
6. Abschluss

Die einzelnen Phasen können mit unterschiedlichen Aktivitäten durchgeführt werden, die man regelmäßig verändert, um immer wieder frische Energie und Ideen zu erzeugen. Aktivitäten für diese Phasen kann man entweder selbst entwerfen oder eine der vielen Quellen in Büchern oder im Internet nutzen.

Es kann helfen seine Retrospektiven mit einem obersten Grundsatz, einer »Prime Directive«, zu beginnen. Sie ist eine gute Möglichkeit, den Boden für eine erfolgreiche Retrospektive zu bereiten. Trotzdem ist sie kein Garant dafür.

Am Ende steht und fällt der Erfolg einer Retrospektive mit dem Facilitator und dem Team, das daran teilnimmt. Was Sie dabei beachten müssen und welche Fallstricke es gibt, können Sie in den folgenden Kapiteln nachlesen.

2 Retrospektiven vorbereiten

2.1 Die Vorbereitung

Bevor man seine Retrospektive plant, gibt es ein paar Fragen, die beantwortet werden müssen. Erst wenn man sich ein klares Bild gemacht hat, wie die Retrospektive aussehen soll, ist es sinnvoll, in die weiteren Details zu gehen. Die Vorbereitungszeit ist von Retrospektive zu Retrospektive unterschiedlich. Logischerweise hängt die Vorbereitungszeit sehr häufig von der Länge der Retrospektive ab.

Praxistipp

Gerade am Anfang ist es hilfreich, alle Schritte zu dokumentieren und eine Art Checkliste zu führen. So stellt man sicher, dass man nichts vergisst.

Im Notfall kann ein erfahrener Retrospektiven-Facilitator auch innerhalb von ein paar Minuten eine Retrospektive aus dem Hut zaubern, aber das sollte die Ausnahme bleiben und wirklich nur dann gemacht werden, wenn man schon einige Retrospektiven geleitet hat.

2.1.1 Um welchen Zeitraum handelt es sich?

Zuerst einmal gilt es zu klären, welchen Zeitraum man in einer Retrospektive behandeln möchte. Handelt es sich z.B. um eine Projektretrospektive, wird meist ein längerer Zeitraum betrachtet. Mehr als 12 Monate zurückzugehen, macht aber meiner Erfahrung nach wenig Sinn, da die Erinnerungen an diese Zeit schon zu weit zurückliegen und nicht mehr ganz frisch sind. Dies führt oft zu einer Verzerrung der Realität, weil man sich nicht mehr an alle Details erinnern kann.

Im Fall einer sogenannten »Herzschlag«-Retrospektive sind die Zeiträume meist recht kurz (maximal 4 Wochen). Diese Retrospektiven werden in regelmäßigen Abständen (z.B. alle 2 Wochen) durchgeführt. Der Vorteil davon ist, dass man sich an die Ereignisse noch recht genau erinnern kann und gleichzeitig die Möglichkeit bekommt, früh gegenzusteuern. Außerdem kann man auf diese

Weise relativ risikolos neue Dinge ausprobieren, da man schon in der nächsten Retrospektive überprüfen kann, welchen Effekt das Experiment hatte.

2.1.2 Wer soll an der Retrospektive teilnehmen?

Die Teilnehmer sind das wichtigste Element einer Retrospektive, deshalb haben sie auch den größten Einfluss. Jeder im Team bringt seine eigenen Sichtweisen und Verhaltensweisen mit und beeinflusst damit die Retrospektive. Es ist gut, wenn man die Teilnehmer kennt und einschätzen kann. Wenn man z.B. weiß, wer sich gern in den Mittelpunkt stellt und viel redet oder wer die eher introvertierten Teammitglieder sind, kann man sich entsprechend darauf einstellen.

Prinzipiell ist es gut, wenn alle Personen an der Retrospektive teilnehmen, die in irgendeiner Form am Projekt beteiligt sind. So kann man sicherstellen, dass man auch Themen adressieren kann, die außerhalb des Kernteams liegen. Die Teilnahme von Führungskräften, wie z.B. Abteilungsleiter, kann eine immense Wirkung haben, besonders wenn der Abteilungsleiter als dominante oder kontrollierende Person bekannt ist. Dies kann dazu führen, dass Meinungen und Ideen nicht offen ausgesprochen werden. Es kann aber auch einen positiven Effekt haben, wenn Führungskräfte gefällte Entscheidungen sofort absegnen, Gelder bereitstellen oder sich z.B. dazu bereit erklären, etwas an die Geschäftsführung heranzutragen.

Praxistipp

Es ist immer das Team selbst, das entscheidet, wer außer dem Team selbst an der Retrospektive teilnehmen soll. Halten Sie also mit dem Team Rücksprache, bevor Sie die Einladung verschicken.

Zu guter Letzt ist selbstverständlich auch die Anzahl der Teilnehmer ein grundlegender Faktor. Dieser bestimmt sowohl die Auswahl der Räumlichkeiten und die Anzahl der Facilitatoren als auch die Auswahl der Aktivitäten in den einzelnen Phasen. Nicht alle Aktivitäten lassen sich mit großen Gruppen durchführen.

2.1.3 Gibt es ein Thema?

Nicht alle Retrospektiven haben ein spezielles Thema. Gerade bei einer »Herzschlag«-Retrospektive kommen die wichtigen Themen von alleine hoch.

Allerdings gibt es auch Retrospektiven, bei denen ein Thema sinnvoll ist. Dies sind vor allem Projektretrospektiven am Ende eines Projekts oder Retrospektiven, die man dazu nutzen möchte, an einem speziellen Problem zu arbeiten. Potenzielle Themen sind Konflikte im Team oder Projekte, die völlig aus dem Ruder gelaufen sind. Ein Thema macht auch dann Sinn, wenn die Retrospektive dazu dienen soll, Ideen zu generieren, wie man sich aus einer verfahrenen Situation befreien könnte.

Praxistipp

Wenn man ein Thema für eine Retrospektive hat, nennt man das bereits in der Einladung und stellt es gleich am Anfang in der Phase »Den Boden bereiten« noch einmal vor.

2.2 Die richtige Zeit, der richtige Ort

Wann ist der richtige Zeitpunkt für eine Retrospektive? Es kommt darauf an, mit welchem Prozess ein Team arbeitet. Wenn man von einem agilen Team spricht, findet die Retrospektive mit jedem Herzschlag des Teams statt, also immer am Ende einer Iteration.

Praxistipp

Bei regelmäßig stattfindenden Retrospektiven achtet man darauf, dass die Retrospektiven immer am gleichen Tag um die gleiche Uhrzeit erfolgen. Dies hilft dem Team, einen Rhythmus zu finden und zu behalten. Jedes Teammitglied weiß dann genau, wann die Retrospektive stattfindet, und kann sich entsprechend darauf vorbereiten. So wird eine regelrechte Wohlfühlatmosphäre geschaffen.

Alle anderen Formen von Retrospektiven sind in der Regel an ein bestimmtes Ereignis gebunden. Meist ist dies das Ende eines Projekts. Dabei spielt es keine Rolle, ob es sich dabei um ein Projekt im Arbeitsleben handelt wie z.B. den Start eines Produkts oder um ein Projekt im Alltag wie z.B. den Abschluss eines Jubiläumsfestes eines Vereins oder eines Jahreskonzertes. Es kann aber auch die persönliche Retrospektive an Geburtstagen sein. Diese Ereignisse sind ideale Zeitpunkte zur Reflexion und Weiterentwicklung.

Wenn man nun weiß, wann man eine Retrospektive machen möchte, muss man noch den optimalen Ort dafür finden. Ein idealer Raum für Retrospektiven erfüllt die folgenden Bedingungen:

- Er ist groß genug für alle Teilnehmer. Je größer, desto besser.
- Er hat genug freie Wandflächen, um Flipchartpapier und Post-its aufzuhängen.
- Die Tische und Stühle können einfach verschoben werden, um einen Stuhlkreis zu bilden.
- Der Raum ist hell, am besten mit Tageslicht.
- Alle Medien wie Whiteboard, Flipchart und eventuell Beamer sind verfügbar.

Man sollte es sich zur Angewohnheit machen, 30 – 60 Minuten vor dem Beginn der Retrospektive in den Raum zu gehen, um alles vorzubereiten. Vor allem bei halb- oder ganztägigen Retrospektiven kann man diese Zeit gut nutzen, um den Raum vorzubereiten. Hier eine kleine Checkliste:

- Steht die Agenda und ist sie gut sichtbar im Raum aufgehängt?
- Hat jeder Teilnehmer einen Stift und Post-its?
- Hängt der oberste Grundsatz (sofern man ihn verwenden will) gut sichtbar im Raum?
- Funktioniert die Technik, die ich verwenden will?
- Ist genug Flipchartpapier vorhanden?
- Funktionieren die Stifte für Whiteboard und Flipchart?
- Ist genug freie Fläche für die späteren Aktivitäten vorhanden?
- Sind alle ausgewählten Aktivitäten durchführbar?
- Gibt es für die Teilnehmer etwas zu essen und zu trinken?

Damit ist man gut für die Retrospektive gerüstet. Am besten hat man immer ein paar der oben beschriebenen Dinge in seiner persönlichen Werkzeugkiste (z.B. Stifte), damit man nicht in die Verlegenheit kommt, das Material nicht rechtzeitig besorgen zu können.

Praxistipp

Wenn möglich sollte man vor allem bei Herzschlag-Retrospektiven den Raum regelmäßig wechseln. Das schafft Abwechslung und kann neue Energien freisetzen. Wenn man die Möglichkeit dazu hat, empfiehlt es sich, die normale Arbeitsumgebung zu verlassen und sich eine Örtlichkeit außerhalb des Firmengebäudes zu suchen. Was spricht dagegen, seine Retrospektive im nahe liegenden Wald oder am Ufer eines Sees/Flusses durchzuführen? Das eröffnet zusätzlich die Möglichkeit, die Umgebung in die Retrospektive einfließen zu lassen. Man kann z.B. die Frage stellen, was das Team von dem großen, lebendigen Baum unterscheidet und was man von ihm lernen kann. Oder man geht zu seinem Lieblingsitaliener um die Ecke und macht die Retrospektive dort. Sollte man diese Möglichkeiten nicht haben, hat man immer noch die Chance, zwischen den verschiedenen Besprechungsräumen innerhalb der Firma zu wechseln.

2.3 Geeignetes Material

Man kann noch so ein guter Handwerker sein, wenn man nicht das richtige Werkzeug hat, dann kann man nicht erwarten, dass das Ergebnis von hohem Niveau ist. Wenn ich bloß einen Laubsäge habe, um einen Baum zu fällen, dann geht das bestimmt irgendwie, besonders effektiv ist es aber sicher nicht. Genauso ist es mit Retrospektiven. Ohne vernünftiges Material kann eine Retrospektive schnell ein frustrierendes Erlebnis werden. Es kann ganz schön nervig sein, wenn mitten in einer Retrospektive die Post-its von der Wand fliegen, wenn jemand daran vorbeiläuft. Genauso nervig ist es, wenn die bereitliegenden Stifte den Geist aufgeben.

Bei der Auswahl der richtigen Materialien ist es außerdem gut, wenn man den Raum vorher gesehen hat oder sich zumindest informiert hat, welche Medien zur Verfügung stehen. Man kann die tollsten Kärtchen und Stecknadeln haben, wenn aber kein Pinnboard vorhanden ist, sind diese schlicht und einfach nutzlos. Wenn man weiß, was ein Raum zu bieten hat, kann man sich als Facilitator entsprechend darauf vorbereiten.

2.3.1 Die richtigen Stifte

Das mit den Stiften ist so eine Sache für sich. Stifte, die gar nicht oder fast nicht mehr schreiben, sind mehr als ärgerlich. Man stellt sich ans Whiteboard oder ans Flipchart, möchte etwas schreiben und schon versagen die Stifte. Am besten ist es in so einem Fall, die Stifte sofort in die Mülltonne zu werfen. Wenn sie wiederbefüllbar sind, legt man sie zur Seite, um sie bei der nächsten Gelegenheit wieder aufzufüllen. So verhindert man, dass man sie in ein paar Minuten oder beim nächsten Meeting wieder in die Finger nimmt.

Optimalerweise bringt man als Facilitator seine eigenen Stifte mit. So kann man sicher sein, dass die Stifte funktionieren und dass man wirklich gute Stifte zur Verfügung hat. Meine erste Wahl sind Stifte mit Keilspitzen in verschiedenen Größen und Farben. Keilspitzen empfehlen sich, da man mit ihnen mehr Gestaltungsmöglichkeiten hat. Man kann sowohl dünne als auch dicke Linien zeichnen. Außerdem achte ich darauf, dass die Stifte wiederbefüllbar sind und eine hohe Qualität haben.

Praxistipp

Testen Sie Ihre Stifte noch einmal rechtzeitig vor der Retrospektive. So stellen Sie sicher, dass Sie während der Retrospektive keine Überraschung erleben, und haben noch genug Zeit, Ersatz zu besorgen.

Natürlich braucht man auch Stifte für die Teilnehmer der Retrospektive, schließlich ist es Ihre Aufgabe als Facilitator, die Gruppe bei ihrer Arbeit zu unterstützen und nicht selbst die Lösungen zu erarbeiten. Da dies oft in Gruppenarbeiten passiert, brauchen auch die Teilnehmer Schreibmaterial. Hier muss man nicht so wählerisch sein. Eine gute Wahl sind Filzstifte, aber die meisten anderen Stifte tun es auch. Die einzige Ausnahme ist, wenn Sie mit beschreibbaren, selbsthaftenden Folien arbeiten. Hierfür braucht man wasserfeste Stifte. Mit den Standardstiften lassen sich diese Folien nur schwer beschreiben (das verwendete Lösungsmittel ist zu aggressiv). Overhead-Pens oder Outliner mit dicker Spitze sind die bessere Wahl.

2.3.2 Die richtigen Post-its

Post-it ist nicht gleich Post-it. Die meisten Standard-Post-its sind nicht für Retrospektiven geeignet. Sie haften vielleicht gerade so an ihrem Monitor, aber an einer Wand oder einem Whiteboard machen sie meist keine gute Figur.

Wenn man vernünftige Post-its haben möchte, sollte man etwas mehr Geld ausgeben und sogenannte »Super Stickies« kaufen. Super Stickies haben eine höhere Klebekraft als normale Stickies. Sie haften auch an normalen Wänden und z.T. sogar an offenem Mauerwerk. Bei diesen Post-its kann man sicher sein, dass sie nicht gleich wieder von der Wand fallen.

Wenn man mit Super Stickies nicht weiterkommt, gibt es noch die weiter oben beschriebene Variante: beschreibbare, selbsthaftende Folien. Sie haften wirklich auf fast jeder Oberfläche und haben zusätzlich den Vorteil, dass man sie einfach verschieben kann. Wie oben beschrieben muss man allerdings darauf achten, die richtigen Stifte dabeizuhaben.

Lange Rede kurzer Sinn: Entweder nutzt man Super Stickies oder statisch aufgeladene Folien, alles andere macht wenig Sinn. Nur mit diesem Material ist man gut für die Retrospektive gerüstet.

Praxistipp

Verwendet man Super Stickies an Whiteboards, so kann es passieren, dass sie einen leichten Klebefilm hinterlassen. Dieser kann später das Reinigen der Tafel erschweren. Hier verwendet man also besser normale Post-its oder Stattys. (Danke an Christoph Pater für diesen Tipp)

2.3.3 Das richtige Flipchartpapier

Bei der Auswahl des Flipchartpapiers gibt es einige Dinge zu beachten. Es geht schon damit los, dass zwar ein Flipchart zur Verfügung steht, aber kein Papier vorhanden ist. Oder es ist Flipchartpapier vorhanden, allerdings komplett vollgeschrieben, sodass man dazu gezwungen wird, auf der Rückseite zu schreiben. Nichts gegen Sparsamkeit oder Umweltschutz, aber es geht nichts über ein leeres, unbeschriebenes Flipchartpapier.

Gutes Flipchartpapier erfüllt drei Eigenschaften:

- Es ist kariert.
- Es ist perforiert.
- Es ist unbeschrieben.

Unliniertes und nicht kariertes Flipchartpapier hat so seine Tücken. Vor allem, wenn man noch nicht so viel Erfahrung hat, was das Gestalten von guten Flipchartseiten angeht. Blankopapier ist vielleicht prima, wenn man etwas malen will und die ganzen Linien nur stören. In einer Retrospektive will man allerdings Dinge festhalten und aufschreiben und da sind ein paar Hilfslinien ganz praktisch, wenn man z.B. nicht will, dass einzelne Zeilen auf der rechten Seite immer »abstürzen«. Auch wenn man etwas skizzieren möchte, sind die Hilfslinien eine gute Unterstützung. Wenn möglich sollte man also immer auf kariertes Flipchartpapier bestehen.

Praxistipp

Stellen Sie vor der Retrospektive sicher, dass genug Flipchartpapier vorhanden ist.

Nicht perforiertes Flipchartpapier ist absolut unpraktisch. Es funktioniert ganz gut, wenn man einfach immer eine Seite weiter blättern möchte. In einer guten Retrospektive möchte man allerdings die erarbeiteten Ergebnisse im Raum aufhängen und dazu muss man die Seiten einfach vom Flipchart Papierblock abreißen können. Ein gutes Beispiel ist die Agenda. Es ist wichtig, dass die Agenda ständig sichtbar im Raum aufgehängt wird. Dazu muss man sie allerdings einfach vom Block abreißen können. Ohne Performation läuft man ständig Gefahr, die schön ausgearbeitete Flipchartseite versehentlich zu zerreißen. Dabei ist es so einfach zu vermeiden.

Wenn man also ein Flipchart in der Retrospektive verwenden möchte, sollte man auf geeignetes Flipchartpapier bestehen.

Praxistipp

Um Flipchartpapier im Raum aufhängen zu können, hat man immer eine Rolle Kreppklebeband (Malerkrepp) dabei. Zum einen ist das die einfachste Möglichkeit, Dinge aufzuhängen (Korkwände sind nämlich oft Mangelware), und zum anderen lässt sich Kreppklebeband später wieder ohne Probleme beseitigen.

2.4 Essen

Wie schon oben auf der Checkliste für den Raum erwähnt: Zu einer guten Retrospektive gehört etwas zu essen. Wurden Sie schon einmal zu einer Hochzeit ohne Essen eingeladen? Waren Sie schon einmal auf einer Geburtstagsparty ohne Geburtstagskuchen? Oder was ist ein Fußballspiel vor dem Fernseher ohne Chips und Bier? Sogar an Beerdigungen gibt es häufig im Anschluss etwas zu essen. Wenn Menschen zusammenkommen, gibt es normalerweise auch etwas zu essen. Menschen lieben es, bei gutem Essen zu reden und neue Leute kennenzulernen. Was spricht also dagegen, etwas zu essen bei Ihren Retrospektiven anzubieten? Ich spreche nicht von 3-Gänge-Menüs, sondern von Kleinigkeiten wie etwas Obst, Nüsse, Gummibärchen oder Salzstangen. Die Vorteile liegen auf der Hand:

- Eine entspannte Atmosphäre
- Bessere Ergebnisse
- Jeder wird es lieben, auf Ihre Retrospektiven zu kommen
- Weniger Teilnehmer, die zu spät kommen
- Weniger Magenknurren

Wenn Sie mir nicht glauben, probieren Sie es aus. Das funktioniert übrigens nicht nur bei Retrospektiven gut, sondern bei allen Formen von Besprechungen.

2.5 Die Agenda

Besprechungen ohne Agenda sind oft nicht zielführend. Zu oft verkommen diese Besprechungen zu reinen Gesprächsrunden ohne verwertbare Ergebnisse. Im Endeffekt hat man nur die Zeit eines jeden Teilnehmers verschwendet. Das Schöne an Retrospektiven ist, dass man mit den in Abschnitt 1.3 genannten 6 Phasen schon das Rahmenwerk für die Agenda hat. In der Vorbereitung geht es nun darum, dieses Rahmenwerk mit Leben zu füllen. Suchen Sie sich aus den in Abschnitt 1.4 genannten Quellen die Aktivitäten aus, welche Sie in ihrer Retrospektive durchführen wollen. Dabei achtet man darauf, dass die gewählten Aktivitäten mit der Teilnehmerzahl durchführbar sind und dass die benötigten Materialien zur Verfügung stehen. Zusätzlich muss man sich in die gewählten Aktivitäten einarbeiten. Man muss genau wissen, was hinter den Aktivitäten steckt, was deren Ziel ist, wie lange sie in etwa dauern und wie man sie am besten durchführen kann.

Vor Jahren habe ich in einer meiner Retrospektiven die Fischgräten-Aktivität (engl. Fishbone) einsetzen wollen. Das ist eine nützliche Aktivität, die man in der Phase »Einsichten gewinnen« verwenden kann. Vorab hatte ich mich nicht genauer mit dieser Technik auseinandergesetzt und nahm an, dass sie in etwa wie eine Mindmap funktioniert. Als ich dann in der Retrospektive diese Aktivität erklären wollte, merkte ich schon bei meinen Erklärungsversuchen, dass es nicht so recht passte. Im Endeffekt musste ich vor versammelter Mannschaft das Buch von Esther Derby und Diana Larsen [Derby & Larsen 2006] hervorholen und nachlesen. Das mag an sich nicht so schlimm sein, besonders professionell ist es aber nicht. Wenn man das für jede Aktivität machen würde, kann man die Zeit für seine Retrospektiven gleich verdoppeln.

Wenn man eine Retrospektive durchführen will, muss man vorbereitet sein. Man muss die Aktivitäten genau kennen, damit man auch Rückfragen beantworten kann und vor allem das Team dabei unterstützen kann, die Aktivität effektiv einzusetzen. Nur wenn ich weiß, was hinter einer Aktivität steckt, kann ich die richtigen Fragen stellen und die Teilnehmer zielgerichtet durch die Retrospektive führen. Manchmal muss man aber auch dazu in der Lage sein, eine Aktivität völlig über den Haufen zu werfen und etwas ganz anderes zu machen, wenn das besser passt.

Wenn man die Aktivitäten ausgewählt hat, kann man die Agenda zusammenstellen. Dazu gehören die Namen der einzelnen Schritte und die vorgesehene Zeit. Die Agenda wird bereits in der Einladung zur Retrospektive an alle Teilnehmer verschickt. So wissen alle Bescheid und können sich entsprechend auf die Retrospektive einstellen. Während der Retrospektive hängt man die Agenda gut sichtbar im Raum auf. Es hat sich überdies als gute Praktik erwiesen, wenn man die erledigten Punkte auf der Agenda abhakt.

Abb. 2–1 *Agenda einer Retrospektive*

Praxistipp

Schreiben Sie die Agenda, BEVOR die Retrospektive startet, auf ein Flipchart und hängen Sie diese gut sichtbar im Raum auf.

2.6 Zusammenfassung

Streng nach dem Zitat »Der Zufall begünstigt nur den vorbereiteten Geist« von Louis Pasteur sollte jede Retrospektive gut vorbereitet werden. Eine gute Vorbereitung ist das A und O einer guten Retrospektive. Sie bereitet quasi den Boden für einen erfolgreichen Ablauf. Nur wenn man gut vorbereitet ist, kann man in einer Retrospektive auch mal improvisieren. Es ist wie bei einem guten Jazzmusiker. Er kennt das Musikstück in- und auswendig, hat seine verschiedenen Skalen für die verschiedenen Akkorde Tausende Male geübt und nur dann ist er wirklich in der Lage, ein gutes, stimmiges Solo zu spielen, ohne über jeden einzelnen Ton nachzudenken.

Mit einer guten Vorbereitung kann man seine Retrospektiven mit einem guten Gefühl angehen. Dadurch wird die Atmosphäre entspannter und mehr Kreativität ist möglich. Eine Investition in die Vorbereitung zahlt sich immer aus. Hier noch einmal alle Punkte zusammengefasst:

- Stellen Sie sicher, dass Sie alle wichtigen Fragen vorher geklärt haben.
- Stellen Sie sicher, dass der Raum bestmöglich hergerichtet ist.
- Stellen Sie sicher, dass Sie das benötigte Material in der richtigen Qualität zur Verfügung haben.
- Stellen Sie sicher, dass etwas Nervennahrung für die Teilnehmer vorhanden ist.
- Und zu guter Letzt: Stellen Sie sicher, dass Sie eine sinnvolle Agenda vorbereitet haben, mit Aktivitäten, die zu den Teilnehmern und der Retrospektive passen und mit klaren Zeitangaben.

3 Die erste Retrospektive

Wie heißt es so schön: Irgendwann ist immer das erste Mal. Wenn Sie dieses Buch lesen, nehme ich an, dass auch Sie eines Tages eine Retrospektive durchführen wollen. Wenn Sie bereits einige Erfahrung damit haben und auch das Phasenmodell kennen, können Sie diesen Teil überspringen. Damit Sie es bei Ihrer ersten Retrospektive einfacher haben als ich damals, will ich Sie Schritt für Schritt durch Ihre erste Retrospektive führen. Dazu habe ich ein paar Annahmen getroffen:

- Die Retrospektive dauert eine Stunde.
- Die Anzahl der Teilnehmer liegt bei 3 – 8.
- Es handelt sich um einen relativ kurzen Zeitraum, der in der Retrospektive bearbeitet werden soll (1 Woche bis maximal 4 Wochen).
- Im Raum, in dem Sie die Retrospektive durchführen wollen, steht ein Flipchart und/oder ein Whiteboard zur Verfügung.

3.1 Die Vorbereitung

Die folgende Materialliste listet alles auf, was Sie für Ihre erste Retrospektive brauchen:

- Ein Flipchart oder ein Whiteboard und die dazugehörigen Stifte
- Genug Stifte für jeden Teilnehmer (z.B. Kugelschreiber)
- 2 Blöcke Post-its
- Klebepunkte
- Gummibärchen

Bevor Sie die Einladung für die Retrospektive an Ihre Teilnehmer verschicken, müssen Sie die Agenda vorbereiten. Um Ihnen das Leben zu erleichtern, habe ich einen Vorschlag für die Agenda vorbereitet, den Sie verwenden können:

- 09.00 – 09.05 Den Boden bereiten: Autovergleich
- 09.05 – 09.20 Daten sammeln: Mad, Sad, Glad, Afraid
- 09.20 – 09.40 Einsichten gewinnen: Die 5 Warums

- 09.40 – 09.55 Nächste Experimente und Hypothesen definieren: Brainstorming
- 09.55 – 10.00 Abschluss: ROTI

Die Uhrzeiten sind natürlich nur ein Vorschlag und müssen entsprechend angepasst werden. Außerdem wird Ihnen aufgefallen sein, dass der Schritt »Hypothese überprüfen« fehlt. Das liegt daran, weil ich davon ausgehe, dass Sie bisher entweder noch keine Retrospektive durchgeführt haben oder dass Sie in Ihren vorherigen Retrospektiven keine Hypothesen verwendet haben.

Wenn die Agenda steht, können Sie die Einladung vorbereiten und an Ihre Teilnehmer verschicken. Vergessen Sie nicht, den Raum zu reservieren, am besten schon ab 15 – 30 Minuten vor dem Beginn der Veranstaltung, damit Sie noch die Chance haben, den Raum vorzubereiten.

Praxistipp

Je länger Sie den Raum vorher reservieren, desto besser. Es wäre nicht das erste Mal, dass man einen Besprechungsraum in völlig desolatem Zustand vorfindet. So haben Sie immer noch genug Zeit, eventuelle Probleme zu beseitigen.

Für den Tag der Retrospektive organisieren Sie etwas zu naschen. Da die Retrospektive nur eine Stunde geht, reicht eine Tüte Gummibärchen (siehe Materialliste). Bevor die eigentliche Retrospektive beginnt, betreten Sie den Raum und bereiten die letzten Dinge vor. Wenn möglich sollte man die Tische in einem Raum so aufstellen, dass eine Zusammenarbeit einfach möglich ist. Am liebsten arbeite ich mit »Tischinseln«, also zwei Tische zusammengestellt, oder mit einem guten alten Stuhlkreis.

Jeder Teilnehmer bekommt einen Stift zum Schreiben und ein paar Post-its. Einen Reserveblock Post-its hat man immer dabei. Die Tüte Gummibärchen kommen in die Mitte. Dann schreibt man die Agenda auf ein Flipchart und hängt sie sichtbar im Raum auf. So stellt man sicher, dass jeder die Agenda jederzeit sehen kann und dass man das Flipchart für die Retrospektive nutzen kann (falls man kein Whiteboard zur Verfügung hat).

Sollte man die einzelnen Aktivitäten noch nicht so genau kennen, kann man die verbleibenden Minuten dazu nutzen, sich alles noch einmal durchzulesen. Dann kann es losgehen.

3.2 Den Boden bereiten: Autovergleich

Wenn alle Teilnehmer anwesend sind, kann man mit der Retrospektive starten. Zuerst begrüßt man alle und erklärt in kurzen Worten die Agenda. Wenn es eine Teamcharta gibt, erinnert man noch einmal an die gemeinsam erarbeiteten Regeln für die Zusammenarbeit. Sollte es keine Teamcharta geben, überspringt man diesen Schritt. In einer einstündigen Retrospektive hat man nicht genug Zeit, um so etwas zu erarbeiten. In einem solchen Fall setzt man aber baldmöglichst einen dedizierten Workshop an, um die Teamcharta zu erstellen, oder plant die nächste Retrospektive etwas länger, um dafür Platz zu lassen.

Praxistipp

Hat man das Problem, dass nicht alle Teilnehmer pünktlich sind, kann man die n-1-Regel einsetzen. Man beginnt mit der Retrospektive, wenn alle Teilnehmer (n) bis auf einen anwesend sind. Auf die Art kann man meist trotzdem pünktlich beginnen, ohne auf notorische Zuspätkommende warten zu müssen.

Danach bittet man die Teilnehmer, den Zeitraum vor der Retrospektive mit einem Auto zu vergleichen. Jeder soll in 2–3 Worten sagen, an welches Auto er erinnert wird, wenn er auf diesen Zeitraum zurückblickt. Am besten man gibt ein oder zwei Beispiele, wie das aussehen könnte, also z.B. wie ein alter rostiger VW Passat oder wie ein edler Lamborghini Murciélago. Dabei muss keine feste Reihenfolge eingehalten werden, aber man muss darauf achten, dass wirklich alle Teilnehmer zu Wort kommen. Wenn möglich lässt man die Gruppe selbst entscheiden, in welcher Reihenfolge sie antworten wollen. Kommentieren und werten Sie die einzelnen Antworten nicht. Alles, was gesagt wird, sollte wohlwollend aufgenommen werden.

Praxistipp

Manche Menschen, die zum ersten Mal solche spielerischen Elemente in ihren Workshops einsetzen, haben Angst, dass die Gruppe solche Aktivitäten lächerlich findet und sich weigert, diese durchzuführen. Meine Erfahrung hat gezeigt, dass das eigentlich nie der Fall ist. Es ist wichtig, dass man als Facilitator die Aktivitäten souverän und seriös vorstellt und moderiert. Dann ziehen auch in den meisten Fällen alle mit. Falls es Fragen geben sollte, was der ganze Unsinn soll, bitten Sie den Teilnehmer einfach mitzumachen. Bieten Sie an, ihm das Ganze nach der Retrospektive zu erklären. Weigert er sich trotz allem mitzumachen, bieten Sie ihm an, dass er jederzeit den Raum verlassen kann.

3.3 Daten sammeln: Mad, Sad, Glad, Afraid

Leiten Sie ohne Pause direkt in die nächste Aktivität über: das Sammeln der Daten. Die Aktivität »Mad, Sad, Glad, Afraid« ist recht selbsterklärend. Jeder Teilnehmer nutzt seine Post-its, um all die Dinge aufzuschreiben, die ihn im letzten Zeitraum entweder verrückt (engl. mad), traurig (engl. sad), erfreut (engl. glad) oder Angst (engl. afraid) gemacht haben. Während Sie das kurz erklären, zeichnen Sie ein großes Kreuz auf das Whiteboard oder Flipchart und benennen die entstandenen vier Bereiche dementsprechend.

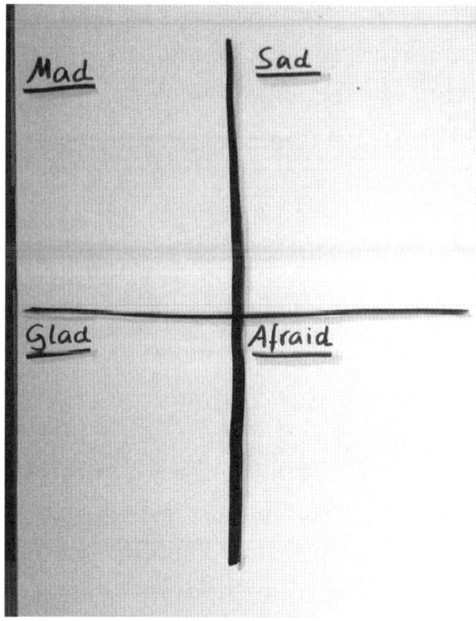

Abb. 3–1 *Mad Sad Glad Afraid*

Bevor Sie mit der Aktivität beginnen, fragen Sie, ob das alle verstanden haben, und beantworten eventuell aufkommende Fragen. Anschließend kann es losgehen. Pro Post-it wird immer nur eine Sache aufgeschrieben und das möglichst leserlich.

Praxistipp

Während die Teilnehmer fleißig Post-its schreiben, stellt man als Facilitator immer mal wieder passende Fragen zu den vier Kategorien, um den Teilnehmern ein paar Impulse zu geben. Hier ein paar Beispiele:

- Worüber habt ihr euch in den letzten Wochen gefreut?
- Gab es eine wiederkehrende Sache, die euch in den Wahnsinn getrieben hat?
- Welches Ereignis hat euch Angst gemacht?
- Gab es etwas, das euch frustriert hat?
- Habt ihr euch über etwas gefreut, was ein Kollege für euch gemacht hat?

Stellen Sie die Fragen vor allem immer dann, wenn Sie das Gefühl haben, dass das Schreiben von Post-its ins Stocken geraten ist.

Die letzten 5 Minuten werden dazu verwendet, alle Post-its kurz vorzulesen und unklare Post-its von den jeweiligen Teilnehmern erklären zu lassen. Brechen Sie das Schreiben der Post-its also rechtzeitig ab. Während Sie durch die ganzen Post-its gehen, gruppieren Sie die thematisch zusammengehörenden. Meist ergibt sich so schon ein Bild, wo der Schuh derzeit am meisten drückt.

Jetzt haben Sie zwei Möglichkeiten, zusammen mit den Teilnehmern die Themen auszuwählen, mit denen Sie sich im weiteren Verlauf der Retrospektive beschäftigen möchten:

- Sie wählen die beiden Themen, die durch die Gruppierung der Post-its am größten sind.
- Sie verteilen Klebepunkte an die Teilnehmer und lassen wählen.

Wenn Sie sich für die Variante mit den Klebepunkten entscheiden, bekommt jeder Teilnehmer drei Klebepunkte, die er frei auf die verschiedenen Gruppen verteilen kann. Danach zählt man die Klebepunkte pro Gruppe und schreibt das Ergebnis neben die Gruppe. Die beiden Gruppen mit den meisten Klebepunkten sind die Themen für die weiteren Phasen der Retrospektive.

Praxistipp

Gerade bei kurzen Retrospektiven ist es wichtig, dass Sie die vorgesehene Zeit für die einzelnen Phasen nicht überschreiten. Es ist klar, dass Sie nicht alles in der kurzen Zeit besprechen können. Trotzdem können Sie sicher sein, dass die Teilnehmer die wichtigsten Punkte zuerst nennen. Nur wenn Sie die vorgesehenen Zeitrahmen genau einhalten, haben Sie eine Chance, am Ende zu verwertbaren Ergebnissen zu kommen. Gleichzeitig erfahren Ihre Teilnehmer, dass Sie sich an die vereinbarte Agenda halten und dass man auch in kurzen Retrospektiven etwas erreichen kann. Als Facilitator ist es also wichtig, ständig die Zeit im Auge zu behalten und der Gruppe immer wieder die restliche Zeit für eine Phase zu sagen, damit alle wissen, wo sie gerade stehen. Wenn Sie die Möglichkeit haben, projizieren Sie einen Countdown für die einzelnen Phasen an die Wand. Dafür gibt es Software für alle gängigen Betriebssysteme (z.B. XNote Stopwatch für Windows).

3.4 Einsichten gewinnen: 5 Warums

Wie schon in Abschnitt 1.2 beschrieben, handelt es sich bei der 5-Warum-Methode um eine Technik, die schon über 100 Jahre alt ist. Die Idee hinter dieser Technik ist, dass die meisten offensichtlichen Ursachen nur Symptome sind und das Grundproblem viel tiefer liegt. Die 5-Warum-Fragetechnik soll dabei helfen zu diesem Grundproblem vorzustoßen, indem man die Frage »Warum« mindestens fünf Mal wiederholt, bis man die eigentliche Ursache findet. Hier ein einfaches Beispiel. Nehmen wir an, Sie entwickeln Autos und haben das folgende Problem: Niemand kauft sie:

- Warum kauft niemand die Autos? Weil es die Autos bei keinem Händler gibt.
- Warum gibt es die Autos bei keinem Händler? Weil kein Händler die Autos verkaufen möchte.
- Warum will kein Händler die Autos verkaufen? Weil sie ein schlechtes Image bei potenziellen Käufern haben.
- Warum haben die Autos ein schlechtes Image bei den Käufern? Weil sie im letzten Crashtest überdurchschnittlich schlecht abgeschnitten haben.
- Warum haben die Autos so schlecht abgeschnitten? Weil das Thema Sicherheit bisher vernachlässigt wurde.

Das ist natürlich ein stark vereinfachtes Beispiel, aber es gibt Ihnen ein Gefühl, wie das Ganze abläuft. Nicht immer lässt sich nur eine Antwort auf die Frage finden, manchmal gibt es mehrere Ursachen, die wiederum selbst mehrere Ursachen haben können. Das ist völlig normal.

Teilen Sie die Teilnehmer in zwei Gruppen auf. Jede der Gruppen bearbeitet eines der Themen, die sie in der vorherigen Phase ausgewählt haben. Dazu verteilt man an jede Gruppe eine Seite Flipchartpapier, die sie dazu nutzen können, ihre Ergebnisse zu dokumentieren.

Praxistipp

Setzen Sie sich abwechselnd zu den Gruppen und greifen Sie helfend ein, wenn Sie das Gefühl haben, dass die Aktivität unklar ist oder die Gruppe ins Stocken kommt. Nach meiner Erfahrung werden Fragen viel eher gestellt, wenn man bei der Gruppe sitzt.

Planen Sie ein, dass am Ende dieser Phase jede Gruppe ein bis zwei Minuten Zeit bekommt, um ihre Ergebnisse vorzustellen. Dafür geht ein Teilnehmer der jeweiligen Gruppe nach vorne, hängt sein Flipchartpapier auf und erklärt kurz das erarbeitete Ergebnis der Gruppe. Auch bei dieser Phase achtet man streng auf den festgelegten Zeitrahmen.

3.5 Nächste Experimente definieren: Brainstorming

Die meisten Teilnehmer kommen schon mit konkreten Verbesserungsideen in eine Retrospektive. Jeder hat so seine Ideen, wie man etwas besser machen könnte. Durch die vorherigen Phasen hat man dafür zusätzlich eine Basis geschaffen. Entweder ist man als Teilnehmer jetzt umso mehr davon überzeugt, dass die Idee funktioniert, oder man hat im Laufe der Retrospektive eingesehen, dass es vielleicht doch keine so gute Idee ist. Es kann aber auch sein, dass man feststellen musste, dass der Schuh gerade ganz woanders (stärker) drückt, und man hebt sich seine Idee für die nächste Retrospektive auf.

Beim Brainstorming gilt es genau das auszunutzen. Basierend auf den bisher erarbeiteten Ergebnissen hat jetzt jeder Teilnehmer fünf Minuten, um maximal drei Ideen und mögliche Experimente auf die Post-its zu schreiben, die aus seiner Sicht das höchste Potenzial haben. Wir begrenzen die Anzahl auf drei, weil man sonst Gefahr läuft, dass die Zeit nicht reicht. Auch hier gilt: ein Experiment pro Post-it. Die Post-its werden dann auf eine freie Fläche im Raum geklebt. Wenn die fünf Minuten vorbei sind, geht jeder Teilnehmer nach vorne und erklärt in kurzen Worten seine Idee(n) und was die Idee seiner Meinung nach bewirken wird, also seine Hypothese. Die Teilnehmer sollten gleich versuchen, die Ideen zu gruppieren, wenn sie die Post-its aufhängen. Vermeiden Sie Diskussionen zu diesem Zeitpunkt, da man immer noch im Brainstorming-Modus ist und Ideen noch nicht bewertet werden. Jetzt bekommen wieder alle Teilnehmer drei Klebepunkte, um die Idee zu wählen, die das größte Potenzial hat, ein Erfolg zu werden.

Einigen Sie sich auf genau eine(!) Idee. Das mag im ersten Moment komisch erscheinen, da alle hochmotiviert sind, noch mehr umzusetzen. Wenn Sie aber sichergehen wollen, dass wenigsten an einem Thema gearbeitet wird, dann ist das unerlässlich. Sie wollen schließlich, dass es nach der ersten Retrospektive zu einem Erfolgserlebnis kommt. Machen Sie den Teilnehmern klar, dass es sich bei der gewählten Idee im Grunde um nichts anderes als ein Experiment handelt. Man hat zwar eine Meinung, was die Idee bewirken könnte, sicher wissen kann es aber niemand. Deshalb ist es jetzt noch wichtig, die Hypothese zu der gewählten Idee hinzuzufügen. Achten Sie darauf, dass diese überprüfbar ist, ansonsten wäre die Hypothese wertlos. So schaffen Sie die Basis für die nächste Retrospektive, bei der Sie die kommenden, potenziellen Veränderungen mit der Hypothese vergleichen können.

Jetzt müssen Sie nur noch einen Verantwortlichen für das Experiment definieren und festlegen, bis wann das Ganze umgesetzt werden soll. Der Verantwortliche muss das Experiment nicht zwingend allein umsetzen. Vielmehr ist er dafür verantwortlich, dass das Experiment auch tatsächlich durchgeführt wird.

Praxistipp

Viele Teams neigen dazu, ihre Experimente zu ungenau oder zu groß zu definieren. Dadurch kann es passieren, dass das Experiment bis zur nächsten Retrospektive nicht durchführbar war. Um das zu vermeiden, kann man die Teilnehmer mit dem Konzept der sogenannten SMART-Ziele (engl. SMART Goals) vertraut machen. SMART ist ein Akronym und steht für:

Spezifisch
Messbar
Attraktiv
Relevant
Terminiert

Genau diese Adjektive sollte jedes der gewählten Experimente erfüllen. Es muss spezifisch sein. Also keine nebulösen, nicht fassbaren Experimente, sondern konkrete, spezifische und direkt ausführbare. Es muss messbar sein. Nur so kann man sicherstellen, dass ein Experiment durchgeführt wurde. Es ist attraktiv. Es ist also klein genug, um innerhalb der nächsten Tage und Wochen durchgeführt zu werden. Gleichzeitig stellt man sicher, dass die Gruppe die Macht hat, die Experimente umzusetzen. Natürlich sollte ein Experiment eine Relevanz für die derzeitigen Themen haben. Und zu guter Letzt definiert man einen klaren Zeitrahmen dafür. Wenn man sich an all diese Punkte hält, hat man eine gute Basis geschaffen, um das Experiment erfolgreich umzusetzen.

3.6 Abschluss: ROTI

Langsam kommt man zum Ende der ersten Retrospektive. Jetzt ist ein guter Zeitpunkt, um allen Teilnehmern für ihre Mitarbeit zu danken. Erklären Sie den Teilnehmern, was mit den erarbeiteten Ergebnissen geschehen wird:

- Sie machen Bilder von allen Arbeitsergebnissen und verteilen diese an die Teilnehmer. Wie Sie das machen, bleibt Ihnen überlassen. Sie können sie z.B. im Wiki zur Verfügung stellen.
- Die Ideen, die nicht gewählt wurden, kommen in ein sogenanntes Verbesserungsbacklog. Alle Ergebnisse haben einen Wert und sollten nicht einfach weggeworfen werden. Am besten hängt man auch sie im Teamraum auf.

Praxistipp

Um eine realistische ROTI-Bewertung zu bekommen, sollten Sie den Teilnehmern nicht bei der Bewertung zusehen, sondern sich anderen Dingen (z.B. die ersten Sachen aufräumen) beschäftigen.

Danach teilen Sie den Teilnehmern mit, wann die nächste Retrospektive stattfinden wird und dass sie dort gemeinsam die aufgestellte Hypothese überprüfen werden. Jetzt fehlt nur noch die Retrospektive der Retrospektive. Dazu macht man am Ende eine kurze ROTI-Analyse (Return On Time Invested, Abschnitt 1.3.6).

Gratulation, Sie sind am Ende Ihrer ersten Retrospektive angelangt. Jetzt haben Sie den Grundstein für viele weitere, erfolgreiche Retrospektiven gelegt. In den nächsten Kapiteln werden wir Ihr Wissen weiter vertiefen.

4 Der Retrospektiven-Facilitator

Die Rolle des Retrospektiven-Facilitators ist sehr wichtig. Sie kann das Zünglein an der Waage sein, wenn es um den Erfolg einer Retrospektive geht. Wenn man aber ein paar Dinge beachtet und sich in das Thema Facilitation einarbeitet, kann es eine Menge Spaß machen. Genau das ist das Ziel dieses Kapitels. Es zeigt auf, was es braucht, ein guter Facilitator zu werden, und vermittelt die Grundlagen in diesem Bereich. Viele Themen kann man in diesem Buch nur anschneiden, aber nach diesem Kapitel hat man eine gute Basis, auf der man weiter aufbauen kann.

4.1 Wie werde ich ein guter Facilitator?

Die Antwort auf diese Frage ist eigentlich ganz einfach: üben, üben, üben. Es ist noch kein Meister vom Himmel gefallen. Bei manchen Facilitatoren sieht es zwar so aus, als ob es das Einfachste der Welt wäre. In Wirklichkeit erfordert es aber ein großes Maß an Hintergrundwissen und jede Menge Erfahrung. Aus meiner Sicht bringt ein sehr guter Facilitator die folgenden Fähigkeiten mit:

1. Er ist ein guter Zuhörer.
2. Er hat ein Gefühl dafür, wann eine Diskussion noch zielführend ist oder wann er sie unterbrechen muss.
3. Er sorgt dafür, dass jeder zu Wort kommt.
4. Er sorgt dafür, dass alle Meinungen zu einem Thema gehört werden.
5. Er ist dazu in der Lage, Entscheidungen herbeizuführen.
6. Er ist optimal vorbereitet.
7. Er ist selbstsicher, flexibel, respektvoll und authentisch.
8. Er schafft eine Atmosphäre, in der sich alle wohlfühlen.
9. Er ist in der Lage, konstruktiv mit Konflikten umzugehen.
10. Er hat Sinn für Humor.
11. Er ist in der Lage, den Energielevel während eines Workshops oben zu halten.
12. Er ist in der Lage, die richtigen Fragen zu stellen.

13. Er ist in der Lage, den Input der Teilnehmer während des Workshops zu visualisieren.
14. Er verhält sich neutral, ist aber gleichzeitig in der Lage, die Annahmen des Teams infrage zu stellen.

Wie man sehen kann, ist das eine recht lange Liste und ich kenne nur sehr wenige Facilitatoren, die alle Punkte erfüllen. Manche der Punkte kann man nur schwer erlernen, wie z. B. Humor. Manche Menschen haben einfach ein angeborenes Talent für diese Dinge. Aber selbst talentierte Facilitatoren müssen üben. Für die meisten Punkte der Liste aber gilt, dass man sie nach und nach erlernen kann, wie die meisten Dinge im Leben.

Wenn man ein guter Facilitator werden möchte, muss man wissen, wo die eigenen Stärken und Schwächen liegen, und kontinuierlich daran arbeiten. Am besten geht das natürlich, indem man so viele Workshops wie möglich leitet. Parallel dazu bildet man sich mit Kursen und Büchern zum Thema Facilitation weiter. Alles, was man auf diese Weise lernt, kann man dann wieder im nächsten Workshop einsetzen und verfeinern. So kann man nach und nach seine Fähigkeiten in diesem sehr spannenden Bereich verbessern.

Eine vollständige Einführung in das Thema Facilitation würde den Rahmen dieses Buchs sprengen. Trotzdem werde ich in diesem Kapitel eine kurze Einführung in das Thema und Tipps für ein paar typische Probleme, speziell in Retrospektiven, geben.

Wenn man sich die 14 Punkte in der Liste anschaut, wird man feststellen, dass die meisten nur dann funktionieren, wenn man ein guter Zuhörer ist. Deshalb ist das gute Zuhören die wichtigste Fähigkeit eines jeden Facilitators. Leider ist Zuhören eine der Fähigkeiten, die in unserer Gesellschaft immer mehr an Wert verliert. Einer der Hauptgründe dafür sind die vielen Formen der Aufzeichnung, die es heute gibt, wie beispielsweise schriftliche Aufzeichnungen (z.B. sogenannte E-Books) oder Aufnahmen (z.B. MP3 oder andere digitale Formate). Wenn man früher einer Geschichte lauschte, musste man genau zuhören, um sie später wieder weitererzählen zu können. So wurden über viele Jahrhunderte Geschichten von Generation zu Generation weitergegeben. Heute findet man die meisten dieser Geschichten in Büchern und kann sie einfach lesen. Wenn früher Spielleute in eine Stadt oder ein Dorf kamen, war es ein großes Ereignis, da man nur selten die Chance hatte, einem guten Sänger oder Instrumentalisten zu lauschen. Heute gibt es Aufnahmen von diesen Sängern, die man immer wieder anhören kann. Dadurch hat das richtige Zuhören in unserer Gesellschaft an Wert verloren.

Zum Thema »Zuhören« gibt es einen interessanten TED Talk von Julian Treasure [Ted], der am Ende seines Vortrags fünf Tipps gibt, wie man seine Fähigkeiten in diesem Bereich wieder verbessern kann:

1. Um sein Gehör regelmäßig zu kalibrieren, soll man versuchen, jeden Tag drei Minuten an einem möglichst stillen Ort zu verbringen.
2. Wenn man an einem sehr lauten Ort ist, soll man versuchen, die einzelnen Geräusche zu identifizieren. Wo kommen die Geräusche her? Wer erzeugt das Geräusch? Usw.
3. Man soll sich auf alltägliche Geräusche konzentrieren und dabei versuchen, sie zu genießen, wie z.B. das Geräusch seiner Kaffeemaschine oder seines Wäschetrockners. Dabei soll man versuchen, Muster zu erkennen.
4. Man soll versuchen, auf verschiedene Arten zu hören, also z.B. aktiv, passiv, kritisch, empathisch usw., und sich der Unterschiede bewusst werden.
5. Zu guter Letzt stellt er ein Akronym vor: RASA (Receive, Appreciate, Summarize, Ask). Auf Deutsch also in etwa: Empfangen, Verstehen, Zusammenfassen, Fragen. Diese vier Stufen soll man immer dann durchlaufen, wenn man jemandem zuhört.

Diese fünf Tipps sind ein guter Startpunkt, um das Zuhören wieder bewusst zu trainieren. Dies ist immens wichtig, da viele Techniken eines Facilitators genau darauf basieren.

Im Buch »Facilitator's Guide to Participatory Decision-Making« von Sam Kaner [Kaner 2007] werden 18 Techniken für Facilitatoren vorgestellt, die mit dem Thema Zuhören zu tun haben:

1. Verschiedene Kommunikationsstile respektieren
2. Paraphrasieren
3. Teilnehmer unterstützen
4. Spiegeln
5. Ideen sammeln
6. Stapeln
7. Nachverfolgen
8. Ermutigen
9. Balancieren
10. Den Raum für eine stille Person bereiten
11. Emotionen zurückmelden
12. Validieren
13. Einfühlen
14. Gewollte Stille
15. Verbinden
16. Auf Gemeinsamkeiten hören
17. Zuhören von einem bestimmten Standpunkt
18. Zusammenfassen

Praxistipp

Picken Sie sich erst einmal ein bis zwei der unten genannten Techniken heraus und üben Sie diese in Ihren nächsten Retrospektiven und eventuell auch in anderen Besprechungen. Erst wenn Sie das Gefühl haben, diese Techniken zu beherrschen, nehmen Sie sich die nächste Technik vor.

Auf ein paar dieser Techniken möchte ich in den nächsten Abschnitten etwas tiefer eingehen.

Verschiedene Kommunikationsstile respektieren

Menschen kommunizieren auf die verschiedensten Arten und Weisen, vor allem wenn sie ihre eigenen Ideen vorstellen. Dummerweise gibt es Kommunikationsstile, die weniger gut ankommen und bei denen man eventuell weniger gewillt ist zuzuhören. Dadurch kann es aber passieren, dass die vielleicht besten Ideen ungehört bleiben. Weniger gute Ideen werden womöglich bevorzugt, weil ein Teilnehmer sich besonders gut ausdrücken kann. Leider gibt es eine ganze Menge Kommunikationsstile, mit denen die meisten Menschen weniger gut umgehen können:

- Teilnehmer, die sich ständig wiederholen
- Schüchterne oder nervöse Teilnehmer, die ständig ins Stocken geraten
- Teilnehmer, die ihren Standpunkt völlig übertrieben darstellen oder unzutreffende Behauptungen aufstellen
- Teilnehmer, die die Diskussion plötzlich in eine völlig andere Richtung lenken wollen
- Sehr emotionale Teilnehmer, die offen ihre Gefühle zeigen

Gruppen, die eher in der Lage sind, mit solchen Kommunikationsstilen umzugehen, bekommen eine größere Bandbreite an Ideen und Vorschlägen und somit am Ende das bessere Ergebnis. Der Schlüssel dazu ist wie immer der Facilitator. Hier ein paar Beispiele:

- Wenn sich jemand ständig wiederholt, kann man als Facilitator paraphrasieren, um der Person zu helfen, seinen Standpunkt zusammenzufassen.
- Bei nervösen Teilnehmern kann der Facilitator helfen, indem er offene Fragen stellt, ohne in eine bestimmte Richtung zu lenken.
- Teilnehmern, die scheinbar eine völlig neue Diskussion starten, kann man helfen, indem man sie dazu auffordert zu erklären, wie dieser neue Punkt in die bisherige Diskussion passt [Kaner 2007, S.43].

In jedem Fall ist es wichtig, dass jeder Teilnehmer mit Respekt behandelt wird, indem man genau hinhört und ihn wenn nötig in seinen Ausführungen unterstützt.

Paraphrasieren

Das Wort Paraphrasieren kommt aus dem Griechischen und bedeutet so viel wie »umschreiben« oder »mit eigenen Worten wiedergeben«. Das Paraphrasieren ist eine der mächtigsten und direktesten Techniken, da sie dem Sprecher sofort zeigt, dass man aktiv zugehört hat. Gleichzeitig kann man diese Technik nutzen, um sicherzustellen, dass man alles korrekt verstanden hat. Das ist besonders nützlich, wenn der Sprecher recht verwirrend und konfus spricht und nicht immer klar ersichtlich ist, worauf er hinaus will.

Das Paraphrasieren geht eigentlich ganz einfach. Wiederholen Sie in Ihren eigenen Worten das, was Sie meinen verstanden zu haben. Am Ende vergewissert man sich immer beim Sprecher, ob es das war, was er gemeint hat, z.B. indem man fragt: »Habe ich das richtig verstanden?« oder »War es das, was du sagen wolltest?«. Wenn man ihn falsch verstanden haben sollte, fragt man den Sprecher, ob er es noch einmal verdeutlichen kann. Das macht man so lange, bis man seinen Standpunkt oder seine Idee korrekt paraphrasiert hat.

Teilnehmer unterstützen

Manchmal kommt es vor, dass jemand scheinbar Probleme hat, seine Idee klar auszudrücken, oder die Aussagen waren so verwirrend, dass niemand sie verstehen konnte. In diesen Fällen ist es die Aufgabe des Facilitators, den Sprecher durch gezieltes Fragen dabei zu unterstützen, seine Ideen verständlich zu machen. Hier ein paar mögliche Fragen:

- Kannst du uns ein Beispiel geben?
- Wie das?
- Was meinst du mit ...?
- Kannst du mir das aufzeichnen?

Mit solchen und ähnlichen Fragen kann man als Facilitator dabei helfen, ein klares Bild der Idee zu bekommen.

Stapeln

Die Stapeltechnik wendet man immer dann an, wenn mehrere Teilnehmer gleichzeitig etwas sagen wollen. Man nutzt sie, um zu verhindern, dass sich alle gegenseitig ins Wort fallen und versuchen, sich gegenseitig die Redezeit abspenstig zu machen. Diese Technik ist auch hilfreich, wenn man ein besonders dominantes Teammitglied hat, das am liebsten die ganze Zeit sprechen würde, und somit andere nicht zu Wort kommen. Der Ablauf ist eigentlich ganz einfach:

1. Man sagt: »Alle, die dazu etwas sagen möchten, heben jetzt bitte die Hand.«
2. Danach legt man die Reihenfolge fest z.B.: »Paul, du bist der Erste, dann Sonja und als Drittes Sven.«

3. Nachdem Paul fertig ist, gibt man Sonja das Wort, danach Sven usw.
4. Wenn alle gesprochen haben, fragt man noch einmal nach, ob noch jemand anderes etwas zu diesem Thema sagen möchte. Wenn es mehrere sind, startet man wieder bei 2.

Derjenige, der das Wort hat, besitzt ein exklusives Rederecht. Man achtet also darauf, dass er nicht unterbrochen wird. Mit dieser Technik stellt man sicher, dass alle zu Wort kommen, die etwas zu sagen haben. Gleichzeitig wird die gesamte Diskussion ruhiger und die Teilnehmer sind eher dazu in der Lage zuzuhören, anstatt ständig auf eine Lücke im Redefluss des anderen zu warten, um dann ihren Standpunkt zu platzieren.

Ermutigen

Diese Technik wird vor allem dann angewendet, wenn der Facilitator das Gefühl hat, dass es ein paar Teilnehmer gibt, die sich zurückhalten und die anderen die Arbeit machen lassen oder von Natur aus etwas introvertierter sind. Die Idee beim Ermutigen besteht darin, gezielt nach anderen Sichtweisen, Ideen oder Kommentaren zu fragen, um so auch die stilleren Teilnehmer zu der Diskussion einzuladen. Hier ein paar Beispiele:

- Wer hat sonst noch eine Idee?
- Kann mir jemand ein Beispiel für diesen Standpunkt geben?
- Möchte das jemand kommentieren, der schon länger nicht mehr gesprochen hat?
- Gibt es Fragen zu diesem Thema?
- Wie könnte man das Ganze auf den Punkt bringen?
- Wer möchte für diese Idee den Advocatus Diaboli spielen?

Jede dieser Fragen zielt darauf ab, jemandem die Möglichkeit zu geben, seine Meinung kund zu tun. Sie sind wie eine Flanke beim Fußball, bei der der Ball nur noch im Tor versenkt werden muss. Ich konnte schon oft beobachten, wie man durch eine solche Frage auch Teilnehmer mobilisieren konnte, die bisher nur geschwiegen hatten.

Emotionen zurückmelden

Viele Menschen haben ein Problem, ihre Emotionen zu zeigen. Besonders in der IT-Industrie sind Gefühle eher untergeordnet. Emotionen sind aber ein wichtiger Bestandteil der menschlichen Kommunikation und müssen deshalb auch berücksichtigt werden. Vor allem, weil sie einen direkten Einfluss auch auf die anderen Teilnehmer haben. Damit diese Emotionen nicht unbemerkt ignoriert werden, spricht man diese direkt an. Besonders bei Unterhaltungen und Diskussionen, die ein schwieriges Thema behandeln, sollte man als Facilitator ständig die emotionale Stimmung im Auge behalten. Bemerkt man eine stärkere Emotion, meldet man diese in Form einer Frage zurück. Im nächsten Schritt geht es dann wieder darum, genau zuzuhören und Teilnehmer dabei zu unterstützen, die auf die Frage antworten. Hier ein paar Beispiele für eine solche Frage:

- Hört sich für mich so an, als ob du besorgt bist. Habe ich recht?
- An deiner Stimme kann ich hören, dass du [verärgert, frustriert, traurig, glücklich, erfreut usw.] bist.
- Ich habe das Gefühl, dass dich diese Situation ganz schön mitnimmt, oder?

Gerade in Teams, die Probleme mit Emotionen haben, wird es sich anfangs komisch anfühlen, über Gefühle zu sprechen. Je öfter man es macht, desto eher wird es ein normaler Teil aller zukünftigen Diskussionen. Teams, die mit ihren Emotionen umgehen können, sind in der Regel erfolgreicher als Teams, die damit Probleme haben.

Gewollte Stille

Ich bin ein Mensch, der extreme Schwierigkeiten hat, Stille auszuhalten. Dies ist insbesondere dann der Fall, wenn ich mit einer Person allein bin, die ich noch nicht so gut kenne. Über die letzten Jahre habe ich allerdings gelernt, immer besser damit umzugehen. Mittlerweile ist es sogar so weit, dass ich die gewollte Stille schätzen gelernt habe.

Die meisten Menschen haben ein Problem damit, wenn in einer Diskussion plötzlich Stille herrscht. Es fühlt sich einfach komisch an, wenn niemand mehr etwas sagt und alle darauf warten, dass etwas passiert. Die Erfahrung hat gezeigt, dass wenn es der Facilitator schafft, die Stille auszuhalten, dann schaffen es die anderen Teilnehmer meist auch. Denn Stille während einer Diskussion kann etwas sehr Wertvolles sein. Vielleicht spricht gerade jemand und braucht ein paar Sekunden, um seine Gedanken zu ordnen. Oder jemand hat etwas Außergewöhnliches gesagt und man braucht ein paar Sekunden, um es aufzunehmen.

Während einer solchen Situation konzentriert man sich weiter auf den Sprechenden. Sagen Sie nichts, nicht einmal »Hmm« oder »Aha« und nicken Sie auch nicht mit dem Kopf. Wenn notwendig, heben Sie Ihre Hand, falls jemand anderes die Stille durchbrechen will. Sie werden erstaunt sein, was dabei herauskommen kann, wenn man diese Momente der Stille aktiv begrüßt und wirken lässt.

Auf Gemeinsamkeiten hören

Diese Technik ist immer dann angesagt, wenn verschiedene Parteien einer Diskussion offensichtlich völlig unterschiedliche Standpunkte vertreten. Oft gibt es aber eine übergeordnete Gemeinsamkeit, die alle Parteien verbindet. Es ist die Aufgabe des Facilitators, nach dieser Gemeinsamkeit zu fahnden und den Teilnehmern zurückzumelden. Dies passiert in 4 Schritten:

1. Fassen Sie alles zusammen, indem Sie z.B. sagen: »Lassen Sie mich zusammenfassen, was ich von beiden Parteien gehört habe. Ich höre eine Menge Unterschiede, aber auch die ein oder andere Gemeinsamkeit.«
2. Sagen Sie z.B. weiter: »Es hört sich an, als ob die eine Gruppe in der Weihnachtszeit früher nach Hause gehen möchte, während die andere Gruppe lieber ein paar Tage Urlaub nehmen möchte.«
3. Kommen Sie jetzt auf die Gemeinsamkeit zu sprechen: »Es sieht also so aus, als ob beide Parteien etwas weniger arbeiten wollen in diesen Tagen.«
4. »Sehe ich das richtig?«

Es ist nicht immer einfach, diese Gemeinsamkeiten zu finden. Wenn man es aber schafft, sind sie eine sehr gute Basis für weitere Diskussionen und einen möglichen Kompromiss, dem alle zustimmen können. Wenn man diese Technik gut beherrscht, hat man gute Chancen, auch verfahrene Situationen wieder aufzulösen.

4.2 Visual Facilitation

Eine Technik, um erfolgreiche Workshops und somit auch Retrospektiven zu leiten, ist die sogenannte Visual Facilitation. Einfach gesagt geht es darum, den Workshop visuell zu begleiten. Das fängt schon bei der Vorbereitung an, wenn man das Flipchart dazu nutzt, um die Agenda zu visualisieren. Viel wichtiger ist es aber, die Gruppe bei ihrer Arbeit visuell zu unterstützen, indem man z.B. Gesagtes sichtbar macht oder dem Team Möglichkeiten gibt, visuell zu arbeiten.

Viele Menschen verstehen unter Visual Facilitation, dass kunstvolle Zeichnungen entstehen und man deshalb ein guter Zeichner sein muss. Ganz abgesehen davon, dass jeder irgendwie zeichnen kann und sich diese Fähigkeit trainieren lässt, geht es in erster Linie darum, die Informationen, die in einem Workshop diskutiert werden, sichtbar zu machen. Das kann schon ein einfacher Post-it sein, der mit dem Kommentar eines Teilnehmers an die Wand gehängt wird. Oder eine einfache Zeichnung, die den aktuellen Prozess darstellt. Solche einfachen Dinge helfen dabei, ein gemeinsames Verständnis für das Thema zu schaffen, das man gerade diskutieren will. Ich konnte schon oft miterleben, wie verschiedene Teilnehmer einer Gruppe aneinander vorbei diskutiert haben, bis man das Ganze zusammen visualisierte und so auf den gleichen Nenner kam. Wenn man mit Bildern und visuellen Metaphern arbeitet, lassen sich viele Dinge einfacher erklären.

In immer mehr Besprechungsräumen stehen Flipcharts oder hängen Whiteboards an der Wand. Umso erstaunlicher ist es, dass diese Medien immer noch sehr stiefmütterlich behandelt werden. Und wenn sie benutzt werden, dann oft ohne Struktur und unleserlich. Es ist für mich bis heute bemerkenswert, was man schon mit den einfachsten Mitteln und simpelsten Gestaltungen von z.B. Flipcharts für Effekte erzielen kann. Man braucht nur etwa eine Stunde, um sich diese Basisfähigkeiten anzueignen, und dann ist es nur eine Frage der Übung.

Wenn man mal etwas in Übung ist, fällt es immer leichter und im Endeffekt profitiert jede Besprechung davon.

4.2.1 Das 1x1 der visuellen Gestaltung

Ein Flipchart so zu gestalten, dass es gut lesbar ist und am Ende auch noch gut aussieht, ist kein Hexenwerk, wenn man sich an ein paar einfache Regeln hält. Um sich das Basiswissen der visuellen Gestaltung anzueignen, das man vor allem bei der Gestaltung von Flipcharts verwenden kann, kann man sich die folgenden Grundregeln zu eigen machen:

1. Zeichnen und schreiben Sie alles zuerst in der Farbe Schwarz. Erst danach kommen andere Farben.
2. Erstellen Sie einen Rahmen, der alles umfasst.
3. Schreiben Sie Texte in einen Textcontainer.
4. Schreiben Sie immer zuerst den Text und zeichnen Sie danach den Container.
5. Zeichnen Sie bei rechteckigen Textcontainern alle Seiten einzeln.
6. Zeichnen Sie nie durch die Buchstaben. Stattdessen unterbricht man die Linie kurz.
7. Vermeiden Sie GROẞBUCHSTABEN.
8. Lernen Sie die Moderationsschrift.
9. Nutzen Sie Visualisierungen, die Ihnen leicht von der Hand gehen.

Zeichne und schreibe in Schwarz

Wenn man beginnt, wird alles in der Farbe Schwarz geschrieben und gezeichnet. Man könnte es mit den Vorlagen in einem Malbuch vergleichen. Die Struktur wird mit schwarzen Linien vorgegeben, die Farben kommen dann später und bringen Leben in Ihre Zeichnung. Auch für die Anzahl der Farben gibt es einen Faustregel: Schwarz und zwei zusätzliche Farben. Die einzige Ausnahme ist Grau. Diese Farbe kann man immer nutzen, um Schattierungen in die Visualisierung zu bringen. Manche Facilitatoren bevorzugen es, wenn alles Schriftliche in der Farbe Blau geschrieben wird. Auch dagegen gibt es nichts einzuwenden. Ein weiterer Vorteil, wenn man erst alles mit Schwarz zeichnet, ist, dass ich mir keine Gedanken machen muss, welche Farbe jetzt am besten passt. Ich kann die Zeichnung dann finalisieren, wenn ich etwas Zeit habe, z.B. wenn die Teilnehmer mit etwas anderem beschäftigt sind oder ganz am Ende der Retrospektive.

Praxistipp

Für diesen ersten Schritt sollten keine Stifte auf Wasserbasis benutzt werden. Diese können verschmieren, wenn man später Schattierungen oder Farben hinzufügt. Benutzen Sie stattdessen sogenannte Outliner.

Erstelle einen Rahmen

Man glaubt gar nicht, was für einen Unterschied es macht, wenn man einen Rahmen auf das Flipchartpapier aufbringt. Allein durch den Rahmen wirken die Inhalte auf dem Flipchart schon strukturierter. Man setzt klare Grenzen, wo Inhalte beginnen und wo sie aufhören, und setzt so den Fokus auf das Wichtige.

Praxistipp

Wenn man einen längeren Workshop macht und weiß, dass man das Flipchart benutzen wird, ist es eine gute Idee, wenn man vorab ein paar Flipchartseiten vorbereitet. Das klappt auch, wenn man die Überschriften der Flipcharts nicht kennt. So vermeidet man später, dass einem die Teilnehmer dabei zusehen müssen, wie man einen Rahmen auf das Flipchart zeichnet.

In Abbildung 4–1 sieht man ein solches Flipchart-Template. Es hat bereits einen vorbereiteten Rahmen und lässt genug Platz für einen Titel. Wenn ich auf diese Weise 5–10 Flipchartseiten vorbereite, habe ich automatisch weniger Stress während der Retrospektive selbst.

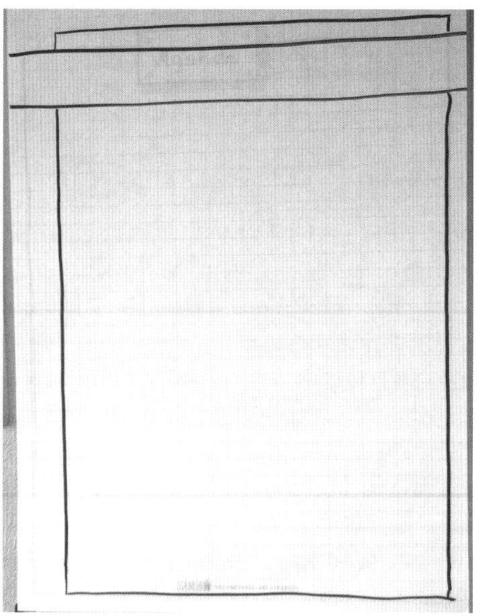

Abb. 4–1 *Flipchart-Template*

Schreibe Texte in Textcontainer

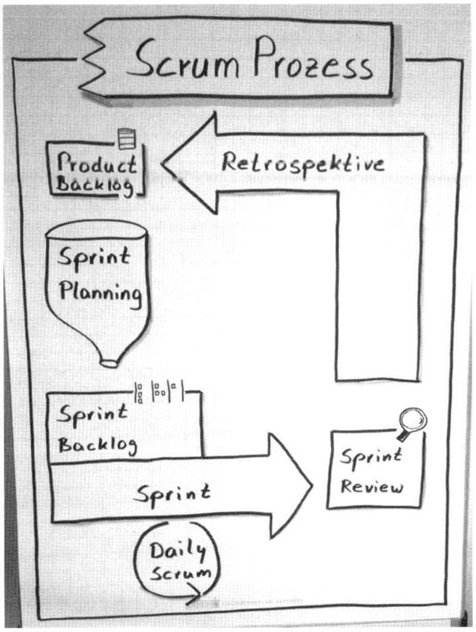

Abb. 4–2 *Textcontainer am Beispiel des Scrum-Prozesses*

Man muss nicht alle Texte zwingend in einen Textcontainer packen, aber wichtige Elemente wie Überschriften sollten immer in einem Textcontainer stehen. Sie helfen dabei, wichtige Inhalte hervorzuheben und zu strukturieren. Außerdem sieht ein Text in einem Textcontainer einfach immer besser aus. Ein Textcontainer kann jede beliebige Form haben, vom einfachen Rechteck, Kreis oder Oval bis zu speziellen Formen wie Banderolen, Pfeilen oder Sprechblasen. In Abbildung 4–2 kann man ein Beispiel für den Einsatz von Textcontainern sehen. Zusätzlich zu den Containern habe ich in dieser Zeichnung noch kleine Piktogramme eingefügt (meist oben rechts im Container), um der Zeichnung noch mehr Kontext zu geben und das Ganze ein wenig aufzulockern. Je öfter man solche Flipcharts gestaltet, desto mehr Spaß macht es.

Text zuerst

Wenn man Texte in einen Textcontainer stecken will, schreibt man immer zuerst den Text selbst. Nur so kann man sicherstellen, dass der Text auch in den Container passt. Wenn man einen Text in einen Container quetschen muss, sieht das genauso schlecht aus, wie wenn ein Text völlig verloren wirkt. Also immer daran denken, erst der Text, dann der Container.

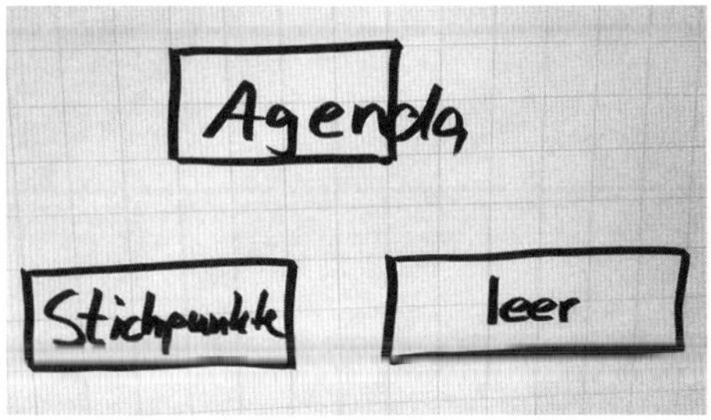

Abb. 4-3 *Unschöne Textboxen*

Praxistipp

Zeichnen Sie den Container für den Text direkt, nachdem Sie den Text geschrieben haben. Wenn Sie erst das ganze Flipchart mit purem Text füllen, kann es sehr schwierig werden, auch noch Platz für die Textcontainer zu finden. Das gilt besonders dann, wenn Sie ausgefallenere Textcontainer verwenden wollen, wie z.B. ein Banner.

Linien einzeln zeichnen

Vor allem, wenn man rechteckige Formen zeichnet, ist es besser, jede Seite bewusst einzeln zu zeichnen. So stellt man sicher, dass das Rechteck am Ende auch wie ein Rechteck aussieht. Ansonsten läuft man Gefahr, dass das Rechteck mehr wie ein Kreis denn ein Rechteck aussieht. Das ist ein einfacher Tipp mit großer Wirkung.

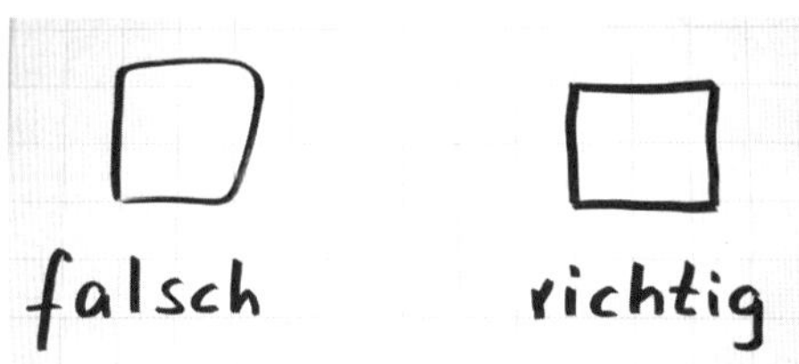

Abb. 4-4 *Immer jede Linie einzeln zeichnen*

Gerade wenn man es eilig hat, tappt man in die Falle, alle Elemente mit einem Strich zu zeichnen, um seine Ideen schnell auf ein Flipchart oder ein Whiteboard zu bekommen. Nehmen Sie sich die zusätzliche Zeit, dann wird Ihre Zeichnung lesbarer und auch einfacher zu verstehen. Zusätzlich haben Sie etwas mehr Zeit, um Ihre Idee noch besser zu formulieren.

Nie durch Buchstaben zeichnen

Der Grund hierfür ist recht einfach: Es sieht schöner aus und die Buchstaben sind auch besser lesbar. Schauen Sie sich den Unterschied einfach mal an (siehe Abb. 4–5).

Abb. 4–5 *Nie durch Buchstaben zeichnen*

Die obere Kaulquappe sieht ziemlich eingequetscht aus, während die andere schön Platz hat, um ihre »Beine« baumeln zu lassen.

GROẞBUCHSTABEN vermeiden

Auch dieser Tipp hat primär ästhetische Gründe. Überdies werden Großbuchstaben oft mit einer lauten Stimme gleichgesetzt. Verwendet man überall große Buchstaben wirkt es so, als ob das ganze Flipchart schreit. Selbstverständlich kann man Großbuchstaben verwenden, wenn man einen Text besonders hervorheben möchte oder z.B. bei Überschriften, aus meiner Sicht ist hierfür aber ein Textcontainer besser geeignet.

Moderationsschrift

Arbeiten Sie an Ihrer Schrift, denn unlesbare Visualisierungen sind mehr als ärgerlich. Was ist denn der Sinn von Visualisierungen, wenn man sie erst mühsam entschlüsseln muss? Mit einer schludrigen Schrift kann man seine ganze Arbeit zerstören. Lernen Sie die Moderationsschrift: Hand ruht auf dem Papier, kurze Über- bzw. Unterlängen, Buchstaben eng aneinander, aber nicht überlappend. Lassen Sie sich nicht von der Gruppe im Rücken verrückt machen und nehmen Sie sich die Zeit, sauber zu schreiben. Je öfter Sie das üben, desto schneller sind Sie später auch, wenn Sie die Moderationsschrift anwenden.

Bekannte Visualisierungen nutzen

Alle Symbole, Textcontainer und andere Elemente, die man bei der Visualisierung einsetzen möchte, sollten einem leicht von der Hand gehen. Starten Sie mit einem kleinen Set von Elementen und nehmen Sie nach und nach neue Elemente hinzu. Üben Sie neue Elemente so oft, bis Sie genau wissen, wie Sie diese am besten zeichnen können. So stellen Sie später sicher, dass Sie in der Lage sind, Ihre Elemente in kurzer Zeit zu zeichnen, und das Meeting kommt durch Ihre visuelle Gestaltung nicht ins Stocken. Wenn Sie sich fragen, wo Sie diese Elemente herbekommen, so werfen Sie einfach einen Blick in Abschnitt 4.2.3.

4.2.2 Visuelle Retrospektiven

Schon viele Retrospektiven-Facilitatoren haben sich Gedanken darüber gemacht, wie man visuelle Hilfsmittel in Retrospektiven einsetzen kann. In den folgenden Unterkapiteln stelle ich ein paar dieser speziellen Visualisierungen für Retrospektiven vor.

Schnellboot-Retrospektive

Die Schnellboot-Retrospektive gehört zu meinen Lieblingsvisualisierungen. Sie war eine der ersten Variationen, die ich selbst eingesetzt habe. Die Idee mit dem Schnellboot geht auf Luke Hohmann zurück, der in seinem Buch »Innovation Games: Creating Breakthrough Products Through Collaborative Play« [Hohmann 2006] das Schnellboot als eines seiner »Innovationsspiele« vorstellt. Die Idee von Hohmann ist es, diese Visualisierung zu benutzen, um all die Dinge darzustellen, die die Kunden am eigenen Service oder Produkt nicht mögen. Dazu zeichnet er ein Schnellboot auf einer Wasseroberfläche, um es als Metapher zu verwenden. Das Schnellboot stellt das Produkt oder den Service dar. Es will so schnell wie möglich vorwärts kommen, wird aber von verschiedenen Ankern, die unterhalb des Bootes im Wasser schwimmen, zurückgehalten oder verlangsamt. Diese Anker an das Boot zu hängen ist die eigentliche Aufgabe der Schnellboot-Simulation. Sie werden meist in Form von Post-its unterhalb des Bootes aufgehängt. Von jedem Anker (Post-it) wird dann eine Ankerkette zum Boot gezeichnet. Auf diese Weise werden nach und nach alle Dinge dargestellt, die das Schnellboot daran hindern, mehr Fahrt aufzunehmen.

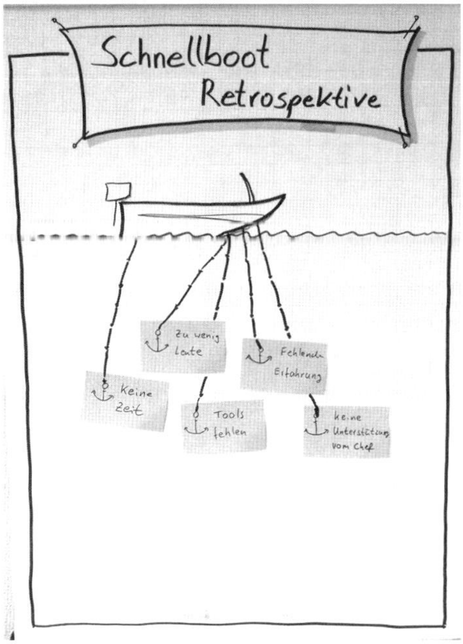

Abb. 4–6 *Schnellboot-Retrospektive*

Nachdem alle Anker gesammelt sind, wird jeder Anker zusammen mit dem Kunden diskutiert, um ein Gefühl dafür zu bekommen, welche Anker die größten Bremsen darstellen. Diese Informationen kann das Produktteam dazu verwenden, ihre Produkte und Services gezielt zu verbessern.

Der Einsatz des Schnellbootes in einer Retrospektive folgt einem ähnlichen Ansatz. Am besten setzt man das Schnellboot in der Phase »Daten sammeln« ein. Natürlich kann man die gleiche Fragestellung wie im Original verwenden (siehe oben), ich bevorzuge allerdings eine andere Fragestellung: »Was hält unser Team davon ab, volle Fahrt zu machen?« Die Anker stellen in diesem Fall all die Dinge dar, die das Team in seiner Arbeit bremsen und es daran hindern, schneller fertig zu werden. So bekommt man recht schnell einige Hinweise, die einem im weiteren Verlauf der Retrospektive dabei helfen, die Experimente mit dem größten Potenzial zu finden. Es ist auch sehr nützlich, die Größe der einzelnen Anker zu bestimmen, um später fokussiert an den größten Ankern arbeiten zu können. Dazu verwendet man am besten die bereits beschriebene »Mehr-Punkt-Abfrage«.

Aus meiner Sicht ist das eine sehr mächtige Metapher, die bei den Teilnehmern viele gute Assoziationen weckt und so zu einer effektiven Retrospektive führt. Man kann diese Form der Retrospektive auch gut variieren, z.B. mit einem Rennwagen (hier sind es die Bremsfallschirme) oder einem Flugzeug (hier ist es das Gepäck).

Praxistipp

Zeichnen Sie das Schnellboot bereits vor der Retrospektive. So haben Sie genug Zeit, ein schönes Boot zu zeichnen, und Sie können die Zeit während der Retrospektive effektiver nutzen.

Sammelkarten

Wer kennt sie nicht, die unzähligen verschiedenen Sammelkarten, die es überall im Handel gibt. Sammelkarten von Star Wars und von Wrestlingstars der WWF bis hin zu Sammelkarten der Looney Toons. Besonders Eltern von Grundschulkindern haben sicher schon unter dem Sammelwahn ihrer Kinder gelitten. Bei meinen Söhnen sind es gerade Star-Wars-Sammelkarten (obwohl sie noch keinen Film gesehen haben). Die meisten dieser Sammelkarten haben folgende Attribute:

- Name des Figur/des Menschen
- Kategorie der Sammelkarte (z.B. Jedi oder Sith)
- Verschiedene Stärken und Schwächen
- Manchmal auch einen Slogan, welcher der Figur auf der Sammelkarte zugeordnet wird

Wenn ein Team erst neu gebildet wurde und sich die Teilnehmer noch nicht so gut kennen, kann man in der Phase »Den Boden bereiten« zusammen mit den Teilnehmern Sammelkarten erstellen und diese untereinander tauschen. Hier der Ablauf:

1. Jeder Teilnehmer bekommt eine große Moderationskarte und einen Stift.
2. Nun hat jeder Teilnehmer 5–10 Minuten Zeit, um eine Sammelkarte von sich selbst zu erstellen. Diese enthält ein Selbstportrait und einen Spitznamen. Zusätzlich soll jeder Teilnehmer eine Sache auf die Karte schreiben, von der er glaubt, dass die anderen davon noch nichts wissen.
3. Jetzt werden die Sammelkarten fleißig untereinander getauscht, bis jeder eine Sammelkarte hat, die ihm gefällt oder ihn besonders interessiert.
4. Nach der Reihe liest jeder den Spitznamen seiner Sammelkarte vor und fragt die Person auf der Sammelkarte etwas zu seinem Thema, das er auf die Sammelkarte geschrieben hat.

Praxistipp

Bringen Sie mindestens ein Beispiel für eine solche Sammelkarte zur Retrospektive mit. Das macht es den Teilnehmern einfacher zu verstehen, was Sie von ihnen wollen.

Mir persönlich gefällt diese Form des Kennenlernens. Es macht viel Spaß und zusätzlich lernt man eventuell eine andere Seite seiner Kollegen kennen. Gleichzeitig zeichnet man gemeinsam und alle werden von Anfang an integriert. Gerade in neuen Teams ist das ein schöner Start in eine hoffentlich erfolgreiche Retrospektive.

Abb. 4–7 *Beispiel für eine Sammelkarte*

Perfection Game

Das Perfection Game hat nichts mit dem gleichnamigen Brettspiel aus den 1980er-Jahren zu tun. Beim hier beschriebenen Perfection Game geht es um ein Hilfsmittel zur Verbesserung eines beliebigen Objekts, das ursprünglich von Steve De Shazer [Wikipedia 05] als Teil seines lösungsorientierten Ansatzes erfunden wurde. Ursprünglich wurde die Technik dazu verwendet, um Verbesserungsvorschläge für verschiedenste Dinge zu sammeln. Ich habe sie z.B. schon mehrfach eingesetzt, um Verbesserungsvorschläge für meine eigenen Vorträge zu sammeln.

Bevor ich einen Vortrag auf einer Konferenz halte, stelle ich ihn immer zuerst meinen eigenen Kollegen vor. Nach dem Vortrag zeichne ich eine Skala von 1–10 auf ein Flipchart oder ein Whiteboard und stelle die folgende Frage: »Auf einer Skala von 1–10, wobei 1 sehr schlecht und 10 sehr gut ist, wo ordnet ihr diesen Vortrag ein?« Zur Beantwortung der Frage bekommen die Teilnehmer Post-its, um zusätzlich zwei Dinge aufzuschreiben:

1. Was hat euch am Vortrag besonders gut gefallen?
2. Was könnte ich anders machen, um meine Bewertung von x auf x+1 zu verbessern (z.B. von 6 auf 7)?

Diese Post-its werden dann von den Teilnehmern neben der Skala aufgehängt. So bekomme ich zum einen Feedback, was am Vortrag bereits gut ankam und kann das eventuell noch weiter ausbauen, und zum andern bekomme ich Ideen, was ich an meinem Vortrag noch verbessern muss. Ich kann diese Technik jedem Vortragenden wärmstens empfehlen.

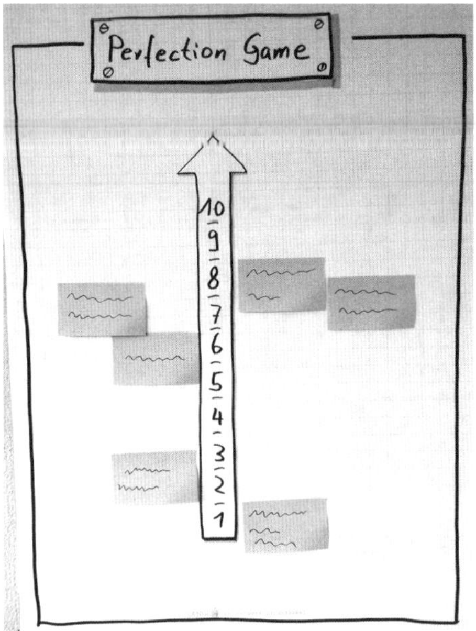

Abb. 4–8 *Perfection Game*

In einer Retrospektive kann das Perfection Game ideal dazu verwendet werden, um die nächsten Maßnahmen/Experimente am Ende einer Retrospektive zu definieren. Auch hier zeichnet man eine Skala von 1–10 auf ein Flipchart oder ein Whiteboard. Jetzt fragt man die Teilnehmer z.B.: »Auf einer Skala von 1–10, wobei 1 schlecht und 10 sehr gut ist, wo ordnet ihr unsere derzeitige Teamperformance ein?« Wieder bekommen die Teilnehmer Post-its und beantworten zusätzlich die beiden Fragen:

1. Wo sind wir schon richtig gut?
2. Welche Maßnahme können wir ergreifen, um unsere Teamperformance von x zu x+1 zu verbessern.

Einerseits bekommt man auf diese Weise einen guten Eindruck, wo sich das Team derzeit sieht, und andererseits sammelt man jede Menge Ideen für zukünftige Experimente.

Kraftfeldanalyse (Force Field Analysis)

Die Kraftfeldanalyse geht auf den Gestaltpsychologen Kurt Lewin zurück und wird im Bereich Sozialwissenschaften, Psychologie, OE, Prozess- und Change Management verwendet [Wikipedia 03]. Die Idee hinter der Kraftfeldanalyse ist es, all die Kräfte aufzuzeigen, die eine Veränderung begünstigen oder verhindern. Dazu zeichnet man die potenzielle Veränderung in die Mitte eines Flipcharts oder Whiteboards. Auf der linken Seite schreibt man oben die Überschrift »Positive Kräfte« und auf der rechten Seite »Negative Kräfte«. Dann zeichnet man Pfeile auf die linke und rechte Seite, die jeweils zur Mitte zeigen.

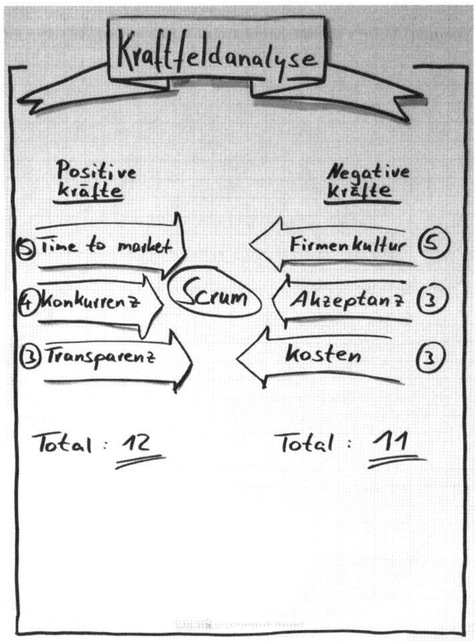

Abb. 4–9 *Kraftfeldanalyse*

Praxistipp

Stellen Sie sicher, dass die Pfeile groß genug sind, sodass die Gruppe ausreichend Platz hat, um diese zu beschriften.

Nachdem die Gruppe in das Thema eingewiesen wurde, hält man sich an den folgenden Ablauf:

1. Jeder Teilnehmer sammelt für sich Kräfte, die die potenzielle Veränderung positiv unterstützen, und schreibt diese auf Post-its.
2. Jetzt sammelt man die Kräfte, die die potenzielle Veränderung verhindern können.
3. Nun zeichnet man eine simple Skala von 1 bis 5: 1 bedeutet die Kraft ist sehr schwach, 5 bedeutet die Kraft ist sehr stark. Danach bittet man die Teilnehmer, jede ihrer Kräfte anhand der Skala zu gewichten.
4. Als Nächstes werden all Post-its an eine freie Fläche gehängt, sodass jeder sie sehen kann.

5. Jetzt werden die Teilnehmer aufgefordert, ihre Post-its gemeinsam zu clustern und die entstandenen Cluster zu benennen.
6. Danach gilt es, anhand der Post-its im Cluster eine Durchschnittsgewichtung pro Cluster zu errechnen.
7. Die Clusterüberschriften werden dann zusammen mit ihren Gewichtungen in die Kraftfeldanalyse übertragen, jeweils sortiert nach unterstützende und hindernde Kräfte.
8. Nun addiert man die Gewichtungen der beiden Kräftekategorien und schreibt diese Summe unter die jeweiligen Pfeile. So erhält man einen ersten Eindruck, ob die potenzielle Veränderung überhaupt Aussicht auf Erfolg hat.

Die Kraftfeldanalyse kann auch hervorragend in der Retrospektive eingesetzt werden. Man kann sie am Ende der Retrospektive nutzen, um den potenziellen Erfolg eines Experiments einzuschätzen. Oder man setzt sie gleich zu Beginn einer Retrospektive in der Phase »Daten sammeln« ein. Hier steht dann keine potenzielle Veränderung in der Mitte der Kraftfeldanalyse, sondern z.B. »Auslieferbares Produkt«. Jetzt sammelt man alle Kräfte, die dabei unterstützen, so schnell wie möglich ein auslieferbares Produkt zu bekommen, und all die Kräfte, die das Team darin hindern. In der Phase »Einsichten gewinnen« können diese Kräfte analysiert und im weiteren Verlauf der Retrospektive passende Experimente definiert werden.

4.2.3 Inspirationsquellen für Visual Facilitation

Das Thema Visual Facilitation kann in diesem Buch selbstverständlich nicht komplett behandelt werden, dazu ist es zu umfassend. Glücklicherweise gibt es jede Menge weiterführender Literatur zu diesem Thema, von der man sich inspirieren lassen kann. Einige Beispiele stelle ich im Folgenden vor. Diese Bücher haben zumindest mir einige hilfreiche Tipps gegeben und helfen mir noch heute, wenn ich auf der Suche nach neuen Ideen bin.

Visuelle Meetings

David Sibbet gehört zu den Koryphäen des Visual Facilitation. Bereits in den 1970er-Jahren hat er die ersten Techniken entwickelt, um Workshops und Meetings visuell zu begleiten. In den 1980er- Jahren unterstützte er u.a. die Firma Apple bei ihrer Arbeit. Sein Buch »Visuelle Meetings« [Sibbet 2011] ist eine hervorragende Einführung in die Thematik. Gleich zu Anfang geht er auf die Vorteile der visuellen Arbeit in jeglichen Meetings ein und gibt hilfreiche Tipps, wie man an einem Whiteboard oder Flipchart bessere Ergebnisse erzielen kann. Gerade für Menschen, die neu in der Thematik sind, ist das Buch eine wahre Goldgrube. Aber auch erfahrene Facilitatoren werden hier sicherlich einige Dinge lernen können. Für mich persönlich gehört es in jede Facilitatoren-Bibliothek.

bikablo 2.0

Das bikablo 2.0 [Haussmann & Scholz 2009] ist kein Buch im eigentlichen Sinne. Vielmehr ist es eine Sammlung verschiedenster Elemente, die man bei der Visualisierung einsetzen kann. Im bikablo 2.0 findet man:

- Textcontainer
- Symbole
- Figuren
- Layouts, z.B. für Flipcharts
- Grafiken für
  - Prinzipien und Spielregeln
  - Methoden und Techniken
  - Seminare und Konferenzen
  - persönliche Entwicklung
  - Teamarbeit und Führung
  - Projekte managen
  - Informationstechnologie
  - Unternehmen
  - Strategie, Kunde und Markt

> **Praxistipp**
>
> Diese Sammlung ermöglicht es nach und nach, das visuelle Vokabular zu erweitern. Erarbeiten Sie sich schrittweise neue Elemente, um sie in Ihren eigenen Visualisierungen einzusetzen.

Diese Sammlung ist auch hilfreich, wenn man nicht weiß, wie man einen bestimmten Begriff oder ein Thema visualisieren soll. Der bikablo 2.0 ist vor allem bei Facilitatoren in Deutschland weit verbreitet und gehört ebenfalls in jede Facilitatoren-Bibliothek.

The Sketchnote Handbook

In diesem Buch geht es weniger darum, Meetings visuell zu begleiten, sondern visuelle Notizen von Meetings zu erstellen. In seinem Buch »The Sketchnote Handbook« [Rhode 2013] führt Mike Rohde Schritt für Schritt in das Thema visuelle Notizen ein. Ich habe es aus zwei Gründen dennoch in diese Liste aufgenommen habe. Zum einen gibt er am Anfang des Buchs einige Zeichentipps, die auch überall sonst eingesetzt werden können, und zum anderen halte ich diese Technik für sehr wertvoll, wenn es darum geht, Ergebnisse einer Retrospektive in einem visuellen Format festzuhalten. Das Buch selbst ist komplett durchillustriert und macht dadurch viel Spaß beim Lesen. Viele der Tipps zur Gestaltung von visuellen Notizen können eins zu eins zur Gestaltung von Flipcharts oder Whiteboards übernommen werden. Zusätzlich hilft es Ihnen eventuell auch, wenn Sie schon immer frustriert waren, wenn es darum ging, Notizen von einem Vortrag zu erstellen. Dieses Buch gehört nicht zwingend in jede Facilitatoren-Bibliothek, hat dort aber sicher einen Platz verdient.

4.3 Intern oder extern?

Wenn man einen Facilitator für eine Retrospektive sucht, muss man sich auch die Frage stellen, ob er aus dem Team (intern) oder von außerhalb des Teams kommen soll (extern). Beides hat seine Vor- und Nachteile, aber im Allgemeinen kann man sagen, dass ein externer Facilitator meist die bessere Wahl ist. Das hat verschiedene Gründe.

Zu allererst einmal ist ein Facilitator, der nicht Teil des Teams ist, in den meisten Fällen neutral. Er hat keine vorgefasste Meinung und kann die Retrospektive dadurch neutraler moderieren. Ein interner Facilitator kann diese Neutralität nur sehr schwer einhalten, da er Teil des Teams ist und dadurch oft auch eine eigene Meinung zu den einzelnen Themen hat. Die Gefahr ist, dass sich Diskussionen einseitig entwickeln und dadurch keine optimalen Ergebnisse erzielt werden. Zusätzlich spielen Emotionen eine Rolle, die eine Retrospektive negativ beeinflussen können, sei es wegen persönlicher Unstimmigkeiten mit einem anderen Teammitglied oder weil erarbeitete Ergebnisse Einfluss auf das eigene Arbeitsumfeld haben. Ein neutraler Facilitator hat keinen eigenen Standpunkt und kann dafür sorgen, dass alle zu Wort kommen und ein gemeinsamer Konsens gefunden wird. Nur so kann ein Facilitator ein Team bestmöglich unterstützen.

Für interne Facilitatoren kann es zum Problem werden, dass sie in einer Retrospektive oft zwei Rollen spielen wollen. Zum einen sind sie Teammitglied und wollen/müssen aktiv ihren Teil zur Retrospektive beitragen. Zum anderen haben sie die Rolle des Facilitators, der die Retrospektive moderieren und das Team bei seiner Arbeit unterstützen soll. Beide Rollen zu leben ist ganz schön schwierig, vor allem, weil man ständig zwischen ihnen wechseln muss. Wenn man dann noch neu in der Rolle des Facilitators ist, wird es umso schwieriger. Diese Probleme hat ein externer Facilitator nicht. Er kann sich voll auf seine Rolle konzentrieren und ganz gezielt das Team unterstützen. Er ist zu 100% Facilitator und für das Team da.

Manchmal ist eine Situation so verfahren, dass es sinnvoll ist, einen Profi für die Retrospektive zu holen, und zwar eine Person, die sehr große Erfahrung als Facilitator für Workshops und insbesondere Retrospektiven hat. Auf der einen Seite bekommt man dadurch einen neutralen Facilitator, der einer Gruppe auch durch schwierige Situationen helfen kann, und einen Facilitator, der sich mit Gruppendynamiken auskennt und verfahrene Sachlagen auflösen kann. Auf der anderen Seite, kann man sehr viel von einer solchen Person lernen. Eventuell kann der interne Facilitator die Retrospektive mit dem externen Facilitator gemeinsam durchführen und so den Lerneffekt noch erhöhen.

Ein weiterer Grund für diesen Schritt kann sein, dass es einfach niemanden gibt, der die Facilitator-Rolle leben kann oder will. In diesem Fall kommt man nicht darum herum, sich einen externen Facilitator zu suchen.

Wenn ich hier von externen Facilitatoren rede, meine ich nicht zwingend jemanden außerhalb der eigenen Firma. Oft gibt es innerhalb einer Firma erfahrene Facilitatoren, die in solchen Situationen helfen können. Was aber macht man, wenn man keinen externen Facilitator finden kann und es immer ein interner Facilitator ist?

4.3.1 Tipps für interne Facilitatoren

Manchmal hat man keine andere Möglichkeit, als einen internen Facilitator einzusetzen. Das kann verschiedene Gründe haben:

- Die Firma möchte kein Geld für externe Facilitatoren ausgeben.
- Sie sind das erste Team, das Retrospektiven durchführt.
- Sie wollen Ihre Retrospektiven selbst moderieren.

In vielen agilen Scrum-Teams ist der Facilitator zumeist der Scrum Master. In anderen Teams ist es wahrscheinlich derjenige, dem das Moderieren von Workshops am meisten Spaß macht. Ist man ein interner Facilitator, so muss man sich der oben genannten Probleme bewusst sein und mit ihnen umzugehen lernen.

Was das Thema Neutralität angeht, darf man sich nichts vormachen: Wenn man Teil des Teams ist, ist es sehr schwer, neutral zu bleiben. Versuchen Sie es trotz allem. Nur wenn die anderen Teammitglieder merken, dass Sie ein Interesse daran haben, dass alle Meinungen gehört werden, werden Sie auch als Facilitator akzeptiert. Achten Sie genau darauf, dass alle Teilnehmer die Chance haben, ihre Meinung zu sagen. Gleichzeitig muss man auch sicherstellen, dass alle relevanten Themen besprochen werden und jedem Thema genug Zeit beigemessen wird. Wie Sie das am besten bewerkstelligen, haben Sie bereits in Abschnitt 4.1 gesehen. Dort stehen ein paar Techniken, mit denen Sie das sehr gut hinbekommen können.

Der Rollenwechsel

Als interner Facilitator haben Sie immer das Problem, dass Sie das Gefühl habe, zwei Rollen während der Retrospektive übernehmen zu müssen:

- Die Rolle des Facilitators
- Die Rolle des Teammitglieds und Teilnehmers

Das ist gar nicht so einfach und sollte möglichst vermieden werden.

Praxistipp

Vermeiden Sie diese Rollenwechsel möglichst. Wenn Sie der Facilitator der Retrospektive sind, dann bleiben Sie in dieser Rolle. Anders ist es nur schwer möglich, einen guten Job als Facilitator zu machen.

Nicht nur für Sie selbst ist es schwierig, zwischen den beiden Rollen zu wechseln, auch für die anderen Teilnehmer wird nicht immer klar sein, in welcher Rolle sie sich zu einem bestimmten Zeitpunkt während der Retrospektive befinden. Für den Fall, dass sich diese Rollenwechsel nicht vermeiden lassen, gibt es zwei Möglichkeiten, die sich in der Vergangenheit bewährt haben.

Die erste Möglichkeit ist, für alle sichtbar zu machen, in welcher Rolle man sich gerade befindet. Das macht man zum einen durch verbale Ankündigungen, wie z. B.: »Ich schlüpfe jetzt wieder in die Rolle des Facilitators« oder »Jetzt bin ich wieder Teil des Teams«. Zum anderen hat es sich als gute Praxis erwiesen, die derzeitige Rolle auch visuell wahrnehmbar zu machen. Man kann z. B. ein großes Post-it an das Whiteboard kleben, das den aktuellen Status wiedergibt. Am besten haben diese Post-its verschiedene Farben, dann wird der Unterschied noch besser herausgestellt. Wenn man die Post-its wechselt, macht man das für alle sichtbar. Natürlich kann man sich das Post-it ebenso auf die Brust kleben. Manche Teams haben auch verschiedene Hüte, die jeweils für die verschiedenen Rollen stehen. Also z. B. einen Bauarbeiterhelm, wenn man sich in der Rolle des Teammitglieds befindet, oder eine Pilotenmütze, wenn man wieder die Rolle des Facilitators eingenommen hat. Ihrer Fantasie sind hier keine Grenzen gesetzt. Egal wie Sie es machen, stellen Sie immer sicher, dass jedem Teammitglied und natürlich auch Ihnen selbst klar ist, in welcher Rolle Sie sich gerade befinden.

Die zweite Möglichkeit ist, die Rolle des Facilitators von Retrospektive zu Retrospektive rotieren zu lassen. Jedes Teammitglied ist einmal an der Reihe, eine Retrospektive zu moderieren. Auf diese Weise müssen Sie auch nicht zwingend beide Rollen während der Retrospektive einnehmen. Wenn man die Rolle des Facilitators rotiert, kann sich das jeweilige Teammitglied immer auf diese Rolle konzentrieren, da es ja in der nächsten Retrospektive wieder Teil des Teams sein wird. Dadurch kann man sich eine Menge Schizophrenie ersparen. Ein zusätzlicher Vorteil dieses Modells ist es, dass durch die Rotation mehr Abwechslung in die Retrospektiven kommt. Jeder hat seine ganz eigene Art, eine Retrospektive zu moderieren, und jeder hat andere Ideen, welche Aktivitäten er während der Retrospektive einsetzen kann. Die Rotation kann auch helfen, wenn eigentlich niemand die Rolle des Facilitators übernehmen möchte.

4.3.2 Externe Facilitatoren

Die Vorteile externer Facilitatoren wurden bereits dargestellt. Sie sind neutral, können sich auf die Rolle des Facilitators konzentrieren und haben eventuell auch mehr Erfahrung. Ich spreche hier aber nicht zwingend von Facilitatoren, die auch extern zur jeweiligen Firma sind. Oft gibt es mehrere Teams, die Retrospektiven durchführen, und dadurch die Möglichkeit, sich einen Facilitator aus einem anderen Team zu »leihen«. Eine gute Praxis ist es, wenn zwei Teams vereinbaren, dass sie jeweils ein Teammitglied zum anderen Team schicken, um deren Retrospektive zu leiten. Die Vorteile liegen auf der Hand:

1. Man braucht keinen externen Facilitator einzukaufen, was in manchen Firmen ein größerer Aufwand bedeuten kann.
2. Der Facilitator des anderen Teams bringt alle Vorteile eines externen Facilitators mit.
3. Durch die Vereinbarung der beiden Teams hat man immer einen externen Facilitator zur Hand.
4. Das Problem mit den beiden verschiedenen Rollen stellt sich nicht.

Manchmal kann es trotzdem sinnvoll sein, einen erfahrenen Facilitator von außerhalb in die Firma zu holen. Dafür es kann es beispielsweise einen der folgenden Gründe geben:

1. Man ist neu im Thema Retrospektive und möchte einmal miterleben, wie eine Retrospektive von einem erfahrenen Facilitator durchgeführt wird. Dies kann auch einen anschließenden Retrospektiven-Workshop beinhalten.
2. Man ist am Ende einer längeren Projektphase und möchte eine halb- oder ganztägige Retrospektive durchführen.
3. Man will eine sehr große Retrospektive mit mehreren Teams durchführen. Hier kann es sogar von Vorteil sein, mehr als einen Facilitator zu haben.
4. Man ist in einer verfahrenen Situation, die nicht nur das Team, sondern das ganze System, also die ganze Firma, betrifft. Hier kann man von der Neutralität eines externen Facilitators und seiner äußeren Sicht auf das System profitieren.

In der Praxis hat sich gezeigt, dass man externe Facilitatoren nur punktuell einsetzen sollte. Es ist sinnvoller, interne Mitarbeiter auszubilden und das Wissen in der Firma aufzubauen. Zum einen ist es auf Dauer günstiger und zum anderen hilft es dabei, die Kultur in einer Firma nach und nach zu verändern. Denn in einer Kultur, in der kontinuierliche Verbesserung gelebt wird, haben Retrospektiven den größten Effekt.

Praxistipp

Wenn Sie einen externen Facilitator in die Firma holen, führen Sie die Retrospektive mit ihm gemeinsam durch. So lernen Sie am meisten und können das Gelernte später selbst in Ihren Retrospektiven einsetzen.

4.4 Nach der Retro ist vor der Retro

Wie Sepp Herberger[1] schon so schön sagte: »Nach dem Spiel ist vor dem Spiel.« Genauso verhält es sich auch mit Retrospektiven. Wenn man es ernst mit dem kontinuierlichen Verbesserungsprozess meint, muss man seine Retrospektiven in regelmäßigen Abständen wiederholen. Es macht aber keinen Sinn, jedes Mal wieder von vorne anzufangen. Idealerweise greifen die einzelnen Retrospektiven ineinander und ermöglichen so einen zielgerichteten Prozess. Damit man das aber machen kann, muss man Zeit in die Nachbereitung der Retrospektive investieren. Auf diese Art sorgt man dafür, dass zum einen die Ergebnisse nicht verloren gehen und zum anderen, dass tatsächlich daran gearbeitet wird.

Die Nachbereitung bei jedem Workshop und insbesondere bei Retrospektiven ist eine der wichtigsten Aufgaben eines Facilitators. Alle Ergebnisse, die während der Retrospektive erarbeitet wurden, müssen dokumentiert werden. Hier ist nicht von langen Besprechungsprotokollen die Rede, sondern primär von sogenannten »Photo Minutes«, also einer Fotodokumentation der Retrospektive. Dazu fotografiert man alle Elemente einer Retrospektive, angefangen bei der Agenda bis zu den beschlossenen Experimenten mit ihren Hypothesen. Diese Fotos kommen unkommentiert in ein gemeinsames Dokument. Das kann eine PowerPoint-Präsentation sein, ein Word- Dokument oder einfach eine weitere Seite im Wiki. Diese Dokumentation wird dann an alle Teilnehmer verteilt, mit dem Hinweis auf die beschlossenen Experimente. Damit aber nicht genug. Es heißt nicht umsonst: »Aus den Augen aus dem Sinn«. Das Problem mit diesen Dokumenten ist, dass sie nur selten ein zweites oder drittes Mal angesehen werden. Deshalb ist es extrem wichtig, dass die eigentlichen Beschlüsse die ganze Zeit für das Team sichtbar sind. Nur so kann man dafür sorgen, dass tatsächlich daran gearbeitet wird.

Manche Teams hängen ihre Fotodokumentationen am prominentesten Platz der ganzen Firma auf: der Kaffeemaschine. So stellt man sicher, dass die Ergebnisse ihrer Meetings immer für alle sichtbar sind. Wenn das bei Ihnen nicht geht, müssen Sie zumindest dafür sorgen, dass die Ergebnisse im Teamraum hängen. Für eine Retrospektive heißt das: die beschlossenen Experimente mit ihren Hypothesen. Leider gewöhnt sich der Mensch recht schnell daran, wenn irgendwo etwas hängt, und ignoriert es mit der Zeit. Darum ist es eine gute Idee, die Ergebnisse ab und an mal an einen anderen Platz zu hängen.

1. *http://de.wikipedia.org/wiki/Sepp_Herberger*

Praxistipp

Wenn die Teams mit einem Aufgabenboard arbeiten, also einem Whiteboard, auf dem alle Aufgaben hängen, an denen das Team gerade arbeitet und an denen es noch arbeiten muss (bei Scrum wäre es das Sprint Backlog, bei Kanban das Kanban Board), dann hängt man die Aufgaben aus den Retrospektiven dazu. In den meisten Fällen treffen sich die Teams einmal am Tag vor einem solchen Board und haben so die Möglichkeit, die Experimente in ihren Tagesablauf mit einzuplanen. Gleichzeitig wird der Status der Experimente sichtbar gemacht, sodass jeder weiß, ob bereits an einem Experiment gearbeitet wird, ob es noch nicht begonnen wurde oder ob es vielleicht schon erledigt ist.

Wenn die nächste Retrospektive ansteht, werden die Experimente vom Board abgehängt und mit in die nächste Retrospektive genommen (natürlich sollte man sich deren Status merken). Auf diese Weise stellt man sicher, dass man die Ergebnisse der Experimente nachverfolgt und die Basis für neue Experimente schafft.

5 Von der Metapher zur Retrospektive

Wenn man schon einige Retrospektiven moderiert hat und diese immer wieder so abwechslungsreich wie möglich gestalten möchte, stößt man irgendwann unweigerlich an eine Grenze. Es gibt einfach nicht genug verschiedene Ideen für Retrospektiven, wenn man immer wieder etwas Neues probieren möchte. Es bleibt einem also nichts anderes übrig, als sich selbst ein paar Aktivitäten zu überlegen.

Eine sehr effektive Methode, um neue Aktivitäten »zu erfinden«, ist der Einsatz von Metaphern. Metaphern kann man von so ziemlich allem ableiten, was einen tagtäglich umgibt: von Autos über Fußball bis zu Xylophon. Am besten ist es allerdings, wenn man sich ein Thema sucht, mit dem man sich oder zumindest einer aus dem eigenen Umfeld auskennt. Hat man sich für ein Thema entschieden, kann man sich überlegen, wie man aus den Begrifflichkeiten eines Themas Aktivitäten für seine Retrospektiven ableiten kann. Am besten macht man dafür erst einmal eine Liste mit Begriffen, die einem zu dem gewählten Thema einfallen. Manchmal dauert es vielleicht ein paar Minuten länger, bis man die passenden Dinge gefunden hat, aber in den meisten Fällen ist es recht einfach und es macht vor allem Spaß. Es ist von Vorteil, das Ganze in einer Gruppe zu machen. Erstens kommen so mehr Ideen zusammen und zweitens steigt der Spaßfaktor dadurch nur noch mehr.

Wenn man die Liste mit den Begriffen erstellt hat, kann man sich passende Aktivitäten ausdenken. Man muss sich immer vor Augen halten, was man in den einzelnen Phasen einer Retrospektive erreichen will, und sucht dann nach den passenden Metaphern im Kontext des gewählten Themas. Wenn man beispielsweise nach einer passenden Metapher für die Phase »Daten sammeln« sucht, muss man darauf achten, dass die daraus resultierende Aktivität auch dazu geeignet ist. Eine Beispiel: Nehmen wir an, Sie haben sich für das Thema »Reise« entschieden. Eine ideale Metapher, die man aus diesem Thema für die Phase »Daten sammeln« ableiten könnte, ist der Reisebericht. Das Team würde in diesem Fall einen Reisebericht über den entsprechenden Zeitraum schreiben.

Beim Einsatz von Metaphern in Retrospektiven achtet man als Facilitator darauf, dass man ausschließlich Begriffe aus dem gewählten Themenbereich benutzt. Einer der Vorteile von Metaphern ist nämlich, dass sie eine Distanz zu den tatsächlich vorgefallenen Ereignissen bilden. Nach meiner Erfahrung fällt es Teammitgliedern wesentlich leichter, unangenehme Dinge anzusprechen, wenn sie dafür eine Metapher verwenden können. Es kann sogar richtig Spaß machen, z. B. in einer Fußballretrospektive von Blutgrätschen und Schwalben zu berichten. Zusätzlich lockert der Einsatz von Metaphern das Klima einer Retrospektive und es fällt allgemein leichter, unangenehme Themen auf den Tisch zu bringen und darüber zu diskutieren.

Praxistipp

Meine Mutter hatte irgendwann die Nase voll, sich jeden Tag zu überlegen, was es zu Essen gibt. Also erstellte sie einen 4-Wochenplan, der einfach am Ende der 4 Wochen wiederholt wurde. Jeden Tag Rumpsteak wäre langweilig, gibt es das allerdings nur alle paar Wochen, schmeckt es wieder. Das Gleiche lässt sich auch auf Retrospektiven übertragen.

Alle 2 bis 4 Wochen eine komplett neue Retrospektive zu entwickeln kann irgendwann ziemlich an den Kräften zerren. Stattdessen entwickelt man einen Zeitplan, bei dem sich Retrospektiven, die auf Metaphern basieren, mit »normalen« Retrospektiven abwechseln. Dieser Zeitplan könnte z. B. so aussehen:

- Fußballretrospektive
- Standardretrospektive
- Orchesterretrospektive
- Standardretrospektive
- Zugretrospektive
- Standardretrospektive
- usw.

Natürlich muss man nicht bei jedem zweiten Mal eine neue Retrospektive, die auf einer Metapher basiert, aus dem Hut ziehen, man kann auch hier wiederholen.

Bei den folgenden Vorschlägen für mögliche Retrospektivenaktivitäten pro Phase habe ich die Phase »Hypothesen überprüfen« immer weggelassen, da man hierfür keine spezielle Aktivität braucht. Trotzdem sollte man diese Phase in der eigenen Retrospektive nicht überspringen und immer die Hypothesen der letzten Retrospektive überprüfen.

Nehmen wir mal an, man entscheidet sich für die folgende Metapher: ein Orchester.

5.1 Die Orchesterretrospektive

Um sich besser in die Metapher hineinversetzen zu können, beschäftigt man sich kurz mit den Arbeiten in einem Orchester. Da ich selbst Saxophon in einem Orchester spiele, fällt mir das recht leicht. Bei uns sieht ein typisches Jahr in etwa so aus:

1. Anfang des Jahres ist der erste Auftritt immer der Neujahrsempfang in der Stadthalle.
2. Ende Januar haben wir dann unsere jährliche Generalversammlung.
3. An Fasnacht (Karneval, Fasching usw.) spielen wir bei verschiedenen Umzügen mit.
4. Im Frühjahr ist dann das erste Highlight: das Frühjahrskonzert.
5. Zwischen Frühjahr und Sommer spielen wir auf den verschiedensten Konzerten, vom Frühschoppen bis zum Galakonzert.
6. Dann haben wir sechs Wochen Sommerpause, in denen keine Konzerte oder Proben stattfinden.
7. Nach der Sommerpause startet die intensive Probenarbeit für das nächste Highlight des Jahres: das Herbstkonzert.
8. Nach dem Herbstkonzert spielen wir noch auf dem ein oder anderen Konzert. Oft fallen vor allem in diese Zeit unsere Doppelkonzerte mit anderen Vereinen.
9. Dann kommt die Weihnachtszeit, in der wir ab und an auch mal auf dem örtlichen Weihnachtsmarkt spielen.
10. Über die Weihnachtsfeiertage haben wir eine kurze Probepause, bevor es im Januar wieder los geht.
11. Zwischendrin begleiten wir natürlich noch die typischen jährlichen Martinsumzüge, Kommunionen oder andere Feiertage.

Wenn man sich gut in das Thema hineinversetzt hat, kann man damit beginnen, die einzelnen Phasen der Retrospektive zu definieren. Versuchen wir es mal.

5.1.1 Den Boden bereiten

Wenn man Metaphern in einer Retrospektive verwendet, hat es sich als gute Praktik erwiesen, als Teil dieser Phase eine Liste der Begrifflichkeiten einer Metapher zusammenzustellen. Nach einer kurzen Einführung am Anfang erstellt man zusammen mit den Teilnehmern diese Liste. Schon das Schreiben dieser Liste hilft den Teilnehmern, in diese Welt einzutauchen. Für die Orchesterretrospektive könnte die Liste wie folgt aussehen:

- Musiker
- Dirigent
- Dirigentenstab
- Register
- Noten
- Notenständer
- Instrument
- Musik
- Instrumentenständer

- Mikrofon
- Uniform
- Solo
- Solist
- Unisono
- Cluster
- Takt
- Lautstärke
- Gesang
- usw.

Nur diese Begriffe werden im Rest der Retrospektive verwendet.

Praxistipp

Es ist die Aufgabe eines Facilitators, genau darauf zu achten, dass ausschließlich die gesammelten Begriffe im weiteren Verlauf genutzt werden. Die Liste der Begriffe schreibt man am besten auf ein Flipchartpapier und hängt es gut sichtbar im Raum auf. Oft erzeugen diese Begriffe Assoziationen zu tatsächlichen Ereignissen.

5.1.2 Daten sammeln

Beim Datensammeln kommt es vor allem darauf an, ein vollständiges Bild und gemeinsames Verständnis zu schaffen. Wie könnte man das also als Orchester bewerkstelligen?

Am Anfang eines Jahres gibt es in den meisten Vereinen die sogenannte Generalversammlung. Teil dieser Generalversammlung ist der Bericht des Schriftführers. Dieser Bericht fasst alle Ereignisse, Konzerte und oft auch lustigen Begebenheiten des letzten Jahres zusammen, ist also eine Retrospektive des letzten Jahres. Und genau das Gleiche macht man auch in seiner Retrospektive. Aber anstatt mit nur einem Schriftführer fungiert das gesamte Team als Schriftführer. Man bittet also das Team, sich in die Rolle des Schriftführers zu versetzen und den gewünschten Zeitraum in Form eines Jahresberichts zu formulieren.

Jeder bekommt einen Stift und Post-its und schreibt die Ereignisse nieder, die ihm im letzten Zeitraum besonders in Erinnerung geblieben sind. Am besten macht man das in der Form eines Zeitstrahls, der natürlich ein komplettes Jahr umfasst, auf das der jeweilige Zeitraum abgebildet wird. Zusätzlich zeichnet jeder seine persönliche Stimmung während dieser Phase unter den Zeitstrahl in Form einer Linie.

Als Facilitator muss man in dieser Phase darauf achten, dass die Teammitglieder in der Orchestermetapher bleiben und somit auch das Orchestervokabular verwenden. Der Vorteil dieser Vorgehensweise ist, dass es vielen Menschen leichter fällt, Dinge bildlich zu beschreiben, ohne sie direkt ansprechen zu müssen. Gleichzeitig bringt es eine Menge Spaß und lockert die Atmosphäre, was es später einfacher macht, unangenehme Dinge zu diskutieren. Als Facilitator ist es besonders spannend, dabei zuzusehen, wie die Teilnehmer den Zeitstrahl nach und nach mit ihren Ereignissen füllen.

Praxistipp

Als Facilitator erinnert man die Teilnehmer während dieser Phase immer wieder an die verwendete Metapher und stellt ihnen Fragen, die dazu passen. Diese könnten z.B. so aussehen:

- Was hat euch an eurem Dirigenten im letzten Jahr geärgert?
- Welche Konzertreisen sind euch besonders in Erinnerung geblieben?
- Wo gab es beim Zusammenspiel Probleme?
- Seid ihr mit euren Instrumenten zufrieden?
- Was hat euch an eurem Notenmaterial gestört?
- Welches Solo hat euch letztes Jahr am besten gefallen?
- usw.

Mit diesen Fragen hilft man dem Team, mit dem Kopf in der Orchesterwelt zu bleiben. Zusätzlich unterstützt es beim Zurückerinnern.

Am Ende dieser Phase gibt man den »Orchestermitgliedern« Zeit, den Jahresbericht durchzugehen. Erst danach werden eventuelle Fragen erörtert, falls irgendwelche Dinge unklar sind. Gerüstet mit dem Jahresbericht geht man dann in die nächste Phase.

5.1.3 Einsichten gewinnen

Wie in jedem Orchester lief natürlich nicht alles rund. Aber es gab sicherlich auch einige positive Dinge oder sogar Überraschungen, mit denen niemand gerechnet hat. Da man nicht über alles sprechen kann, muss sich das »Orchester« auf einige wenige Dinge einigen, bevor man mit dieser Phase fortfährt. Am besten wählt man die Themen mit der bereits vorgestellten »Mehr-Punkt-Abfrage« aus. Die Punkte dafür kann man auf jedes beliebige Ereignis kleben. Wie viele man pro Ereignis aufkleben möchte, bleibt jedem selbst überlassen.

Praxistipp

Weisen Sie als Facilitator darauf hin, dass man seine Klebepunkte auch auf positive Ereignisse kleben darf. Oft kann es nämlich wertvoll sein, an diesen Themen weiter zu arbeiten, um sie stetig zu verbessern. Es ist wichtig, dass eine Retrospektive nicht nur den Fokus auf negative Dinge hat.

Auf diese Weise hat das Team am Ende maximal 3 Themen ausgewählt, an denen es im weiteren Verlauf arbeiten möchte. Jetzt geht es daran, Einsichten zu diesen Themen zu gewinnen. Hier gibt es jetzt mehrere Wege, das zu erreichen, aber wie könnte das in einem Orchester aussehen?

Wenn ein neues Stück einstudiert wird, kommt es häufig vor, dass es an ein paar Stellen klemmt. Um diesem Problem auf den Grund zu gehen, lässt der Dirigent deshalb häufig einzelne Register (also z.B. nur die Posaunen, nur die Violinen oder nur die Hörner) alleine spielen anstatt des ganzen Orchesters. Dies hilft dem Dirigenten, dem eigentlichen Problem auf die Spur zu kommen. Versetzen Sie sich also in die Rolle des Dirigenten und fragen Sie sich:

- Wie hört sich dieses Problem in einem ganz bestimmten Register meines Orchesters an (z.B. bei den Testern)?
- Warum hat ein bestimmtes Register die Stelle besonders gut gespielt?
- Woran liegt es, dass das Register XYZ eine bestimmte Stelle nicht meistern kann?

Sammeln Sie Antworten auf diese Fragen. Diskutieren Sie die Ergebnisse. Generieren Sie Einsichten. Wenn man Probleme aus einem völlig anderen Blickwinkel betrachtet (dem Blickwinkel aus Sicht eines Orchesters), kommt man plötzlich zu völlig neuen Einsichten.

Diese Phase führt man am besten in kleinen Gruppen von 3–5 Leuten durch. Mit mehr Leuten lassen sich solche Diskussionen nur schwer führen. Am Ende dieser Phase stellt jede Gruppe ihre eigenen gewonnenen Einsichten vor. Natürlich sind Fragen der anderen Gruppen erlaubt. Es ist immer wieder erstaunlich, zu welchen Ergebnissen die Teams kommen, wenn sie mit Metaphern arbeiten.

Nachdem alle Einsichten geteilt wurden, ist es an der Zeit, in die nächste Phase überzugehen.

5.1.4 Experimente und Hypothesen definieren

Da man jetzt weiß (oder zu wissen meint), warum ein Register die Stelle so herausragend spielt oder ein anderes an der gleichen Stelle scheitert, ist es an der Zeit, neue Dinge auszuprobieren. Wieder versetzt man sich in die Rolle des Dirigenten.

Auch im Orchester wird viel experimentiert. Unser Dirigent sagt oft: »Probiert mal die Stelle … folgendermaßen zu spielen« oder »Könnt ihr mal versuchen, ab Takt 57 etwas lauter zu spielen« oder »Versucht mal, das Staccato etwas klingen zu lassen«. All diese Anweisungen sind am Ende nichts anderes als Experimente. Der Vorteil eines Orchesters ist, dass sich die daraus resultierenden Hypothesen recht schnell testen lassen. Eine halbe Minute später weiß man als Dirigent, ob das gewünschte Ergebnis erreicht wurde, und kann es gegebenenfalls noch einmal anpassen.

Versetzen Sie sich also abermals in die Lage des Dirigenten und stellen Sie die folgenden Fragen:

- Wie kann ich einem Register helfen, die Stelle besser zu meistern?
- Was kann ich von einem anderen Register übernehmen?
- Wie kann ich die Stelle noch besser spielen?
- Wo muss ich mein Orchester weiter ausbauen?
- Wo können Musiker aus anderen Registern ein unterbesetztes Register unterstützen?
- usw.

Auf diese Weise erhält man eine Liste möglicher Experimente für die nächste Iteration. Selbstverständlich kann man nicht alle Experimente auf einmal angehen. Zum einen wüsste man nicht, welches Experiment am Ende für das Ergebnis verantwortlich ist, und zum anderen führen zu viele Veränderungen auf einmal oft zu Komplikationen.

Wieder kann die »Mehr-Punkt-Abfrage« dabei helfen, die vielversprechendsten Experimente auszuwählen. Nachdem man sich auf maximal zwei Experimente geeinigt hat, muss man jetzt noch die dazugehörigen Hypothesen definieren. Denn ohne Hypothesen sind Retrospektiven selten zielführend. Hier achtet man vor allem darauf, dass die Hypothesen testbar sind. Nur eine testbare Hypothese ist eine gute Hypothese. Bewaffnet mit neuen Ideen für die nächste Iteration verabschiedet man das Team noch gebührend.

5.1.5 Abschluss

Die Experimente und Hypothesen sind definiert, jetzt können die nächsten Schritte kurz zusammengefasst werden. Wenn klar ist, wie die Experimente umgesetzt werden sollen, ist es Zeit für einen fulminanten Abschluss. Solch harte Arbeit muss gebührend gefeiert werden und was gibt es besseres als ein gutes Stück Musik, um mit jeder Menge Energie in die nächste Iteration zu starten.

Wie wäre es z.B. mit der Feuerwerksmusik von Händel? Wenn Ihnen das zu klassisch ist, finden Sie sicher auch etwas für Ihren Geschmack. Auf jeden Fall sollten Sie diese Retrospektive mit einem energiegeladenen Musikstück beschließen. Sie können sicher sein, diese Retrospektive wird so schnell keiner vergessen.

5.2 Die Fußballretrospektive

Im Frühjahr 2012 wurde ich von einer Firma angefragt, ob ich nicht Lust hätte, eine Retrospektive bei ihnen zu moderieren. Ich sagte sofort zu. Mir war von Anfang an klar, dass ich dort keine 08/15-Retrospektive machen wollte. Also überlegte ich, welche Metapher bei den Leuten dort ankommen könnte. Da gerade die Fußball-EM 2012 vor der Tür stand, hatte ich die Idee, eine Fußballretrospektive zu machen. Als ich den Verantwortlichen am nächsten Tag davon erzählte, waren sie sofort begeistert. Also setzte ich mich hin und überlegte, mit welchen Aktivitäten ich die einzelnen Phasen der Retrospektive füllen konnte.

5.2.1 Vorbereitung

Damit eine Metapher gut zum Tragen kommt, ist es hilfreich, den Raum entsprechend zu dekorieren. Im Fall der Fußballretrospektive möchte man das Team natürlich in Fußballstimmung bringen. Man nimmt also ein paar Fußbälle, Trikots, Panini-Klebebildchen und andere Fußball-Fanartikel und bereitet den Raum vor. Wenn man keine Möglichkeit hat, solche Dinge zu besorgen, zeichnet man zumindest ein Fußballfeld auf das Flipchart. Ansonsten braucht man die üblichen Verdächtigen:

- Filzstifte
- Flipchartpapier
- Post-its (Super Stickies)
- Etwas zum Knabbern

5.2.2 Den Boden bereiten

Um alle so richtig in Fußballstimmung zu bringen und die Begrifflichkeiten zu klären, macht man auch in dieser Phase eine kleine Brainstorming-Runde. Ziel des Brainstormings ist es, so viele Fußballbegriffe wie möglich zu sammeln und auf ein Flipchart zu schreiben. Das Ergebnis wird für den weiteren Verlauf gut sichtbar im Raum aufgehängt. Dies ist ein guter Spickzettel für die nächsten Phasen und hilft später dabei, gute Fußballmetaphern für die Ereignisse der letzten Tage und Wochen zu finden. So könnte eine mögliche Liste aussehen:

- Tore
- Fouls
- Gelbe/Rote Karten
- Konter
- Spielerwechsel
- Aufstellung
- Taktik
- Elfmeter
- Schiedsrichter
- Stürmer
- Verteidiger
- Trainer
- Ball
- Tornetz
- Auslinie
- usw., usw...

5.2.3 Daten sammeln

Zuerst muss man das letzte »Spiel« Revue passieren lassen. Dazu bildet man am besten Gruppen mit max. 5 Personen und lässt diese den »Liveticker« rekonstruieren. Jeder kennt diese Online-Liveticker, die die Ereignisse der einzelnen Spielminuten kurz zusammenfassen. In welchen Minuten fielen die Tore, wer wurde von wem und wann gefoult, wann gab es Auswechslungen, Elfmeter, spannende Konter usw. Die Gruppen übertragen ihre letzte Iteration auf die 90 Minuten eines Fußballspiels (eventuell mit der Option auf Verlängerung und Elfmeterschießen) und sammeln alle Ereignisse, die während ihres »Spiels« passiert sind. Dazu werden die Begriffe aus dem Fußball verwendet, die man ja in der vorherigen Phase gesammelt hat.

Praxistipp

Geben Sie den Teilnehmern ein paar Beispiele, wie: »Wir hatten zwei späte Tore in der 88. und 89. Minute« oder »Ab der 67. Minute mussten wir mit 9 Spielern auskommen, da der Rest aus dem Spiel genommen wurde«. Der Kreativität sind hier keine Grenzen gesetzt.

Meiner Erfahrung nach haben die Teams hierbei einen Riesenspaß. Spätestens wenn die »Blutgrätsche« ins Spiel kommt, sind die ersten Lacher sicher. Das Ergebnis ist ein Liveticker mit den einzelnen Spielminuten und den dazugehörigen Ereignissen.

Jetzt stellt jede Gruppe ihr Spiel mit den gefundenen Ereignissen vor, um ein gemeinsames Bild zu erarbeiten. Danach geht es in die Spielanalyse, man will ja schließlich im nächsten Spiel ein noch besseres Ergebnis erzielen.

5.2.4 Einsichten gewinnen

Ohne ausführliche Spielanalyse ist es nur schwer möglich, sinnvolle Konsequenzen für die nächsten Spiele herauszuarbeiten. Deshalb sollen sich die einzelnen Gruppen in die Lage des Trainers des Teams versetzen und gemeinsam die Ereignisse des letzten Spiels analysieren. Auch hier versucht man als Facilitator, dass das Team bei der Fußballmetapher bleibt. Ob man für die Analyse Techniken wie die 5-Warum-Methode oder ein Fischgrätendiagramm nutzt, bleibt der Gruppe überlassen. Danach synchronisieren sich die Gruppen wieder und teilen sich ihre Erkenntnisse gegenseitig mit. Dabei können Dinge herauskommen wie z.B. »Bei den Einwechslungen bekamen wir Handballer statt Fußballer« oder »Der Schiedsrichter war nicht wirklich präsent« oder »Statt gemeinsam als Mannschaft aufzutreten, hat jeder nur für sich selbst gearbeitet« oder »Wir haben zu viele Stürmer« usw. Jetzt hat man eine gute Basis für neue Taktiken, Anpassungen im Team und mehr.

5.2.5 Nächste Experimente und Hypothesen definieren

Jetzt geht es darum, Experimente für das nächste Spiel zu planen. Die Gruppe ist der Trainerstab des Teams und überlegt sich nun auf der Basis der vorherigen Analyse, was sie an ihrer Taktik, am Training, an der Aufstellung usw. anpassen muss. Wie können sie erreichen, dass die Fehler und Probleme aus dem letzten Spiel beim nächsten Mal nicht wieder auftreten können. Wie können sie ein noch besseres Spiel spielen. Am Ende stellen die Gruppen ihre Ergebnisse vor. Achten Sie darauf, dass sich das Team nicht zu viel vornimmt, denn weniger ist mehr. Außerdem müssen Sie darauf achten, dass es für jede Maßnahme einen Verantwortlichen in Ihrem Trainerstab gibt. Und natürlich ganz wichtig: die Hypothese. Das Team muss für jede Maßnahme eine Hypothese definieren, die testbar ist und bei der nächsten Retrospektive überprüft werden kann.

5.2.6 Abschluss

Das nächste Spiel steht vor der Tür. Wie jedes Fußballteam kurz vor Spielbeginn stellen sich alle im Kreis auf und der Kapitän der Mannschaft richtet ein paar motivierende Worte an alle. Dann gibt es einen kurzen Schlachtruf und das Team kann sich in die nächste Iteration stürzen.

5.3 Die Zugretrospektive

Die Themen »Zugretrospektive« und »Küchenretrospektive« sind das Ergebnis einer Open Space Session beim Agile Coach Camp Germany 2013, die ich geleitet habe. An dieser Stelle noch einmal danke an alle Teilnehmer, auch dafür, dass ich die Ergebnisse an dieser Stelle verwenden darf.

Die Idee der Zugretrospektive besteht darin, das Thema »Zug« als Basis für die einzelnen Phasen zu nehmen. In unserem Fall haben wir uns dazu entschieden, den zu bearbeitenden Zeitraum als Zugreise zu betrachten.

5.3.1 Den Boden bereiten

Auch bei der Zugretrospektive macht es Sinn, zusammen mit den Teilnehmern mögliche Begriffe aus der Domäne zu sammeln und auf ein Flipchart zu schreiben. Auf dem Coach Camp haben wir zu viert innerhalb von fünf Minuten 41 Begriffe gesammelt, und das obwohl ein Teilnehmer die Befürchtung hatte, das Thema gebe nicht genug her. Hier ein kleiner Ausschnitt aus dieser Liste:

- Schaffner
- Fahrkarte
- Tunnel
- Brücke

- Entgleisung
- Abteil
- Passagier
- Bistro
- Bahnhof
- usw.

Ich musste gerade wieder feststellen, wie leicht einem diese Begriffe einfallen. Dieses Thema scheint etwas zu sein, mit dem man sich recht einfach und schnell identifizieren kann.

5.3.2 Daten sammeln

Wie immer geht es in dieser Phase darum, sich die letzten Wochen oder gar Monate ins Gedächtnis zu rufen. Wir brauchen also eine Metapher, die einem dabei hilft die Ereignisse dieses Zeitraums zu sammeln. Das Thema unserer Retrospektive ist »Zug«, was liegt also näher, als die Ereignisse in der Form eines Reiseberichts unserer Zugreise zu sammeln? Die Idee ist, unsere Reise von der letzten Retrospektive bis zum heutigen Tag, also unsere Reise von Ort A zu Ort B, zu beschreiben. Dabei nutzt man selbstverständlich wieder die Begriffe, die man in der ersten Phase gesammelt hat.

Wenn ich mich an meine letzte Zugreise zurückerinnere, gibt es recht viel, was währenddessen passieren kann und was ich wiederum als Metapher nutzen kann, um meine Ereignisse in der Retrospektive zu umschreiben. Wenn man sich mit dem Thema beschäftigt, wird man feststellen, dass die Metapher mit etwas Fantasie viel Raum lässt, Dinge zu umschreiben: Da war der verspätete Zug, aufgrund dessen man seinen Anschlusszug verpasst hat. Der viel zu große Koffer, mit dem man schier nicht durch die engen Gänge im Zug gekommen ist. Der reservierte Platz, der von einer anderen Person besetzt war. Der Schaffner, der damit Probleme hatte, das ausgedruckte Onlineticket einzulesen. Der Servicemitarbeiter im Zug, der dem Passagier den Wein über die Hose schüttete. Die Gepäckablage, die viel zu klein für den Koffer war. Die Klasse Schulkinder, die den Geräuschpegel im Zug spürbar anhob, usw. Auch im Kontext des Bahnhofs können viele Dinge passieren, die eine ideale Grundlage sein können, um seine Ereignisse zu umschreiben: Der Obdachlose, der einen um Geld bittet. Oder man stellt zu spät fest, dass man am falschen Gleis steht. Der Freund, den man zufällig trifft. Der Süßigkeitenautomat, der das Geld nicht annehmen will.

Man kann sehr leicht erkennen, dass diese Metapher ein großes Potenzial hat, bei der Umschreibung der tatsächlichen Ereignisse zu helfen. Nehmen wir einmal an, Peter wurde während der letzten Iteration vom Team abgezogen und anderen Aufgaben zugeteilt. Mit der Hilfe unserer Metapher könnte man es folgendermaßen beschreiben: Peter hat den Zug zwei Stationen zu früh verlassen und konnte dadurch nicht weiter an der Zugfahrt teilnehmen. Stattdessen stieg er in einen anderen Zug ein mit neuem Ziel. Oder nehmen wir an, das Team hat keines der vereinbarten Aufgaben rechtzeitig umsetzen können. Mit den Worten unserer Metapher könnte man es wie folgt umschreiben: Unser Zug ist mitten auf der Strecke liegen geblieben und musste von einem anderen Zug abgeschleppt werden. Wenn es Kommunikationsprobleme gab, weil die verschiedenen Parteien an völlig unterschiedlichen Orten arbeiten, könnte man das so beschreiben: Teile unseres Teams saßen in völlig unterschiedlichen Abteilen oder gar Waggons.

Praxistipp

Auch wenn meine Beispiele fast ausschließlich negative Beispiele enthalten (vielleicht habe ich einfach schon zu viel Negatives mit der Bahn erlebt), muss man darauf achten, dass die positiven Ereignisse nicht zu kurz kommen. Ansonsten läuft man Gefahr, dass die Retrospektive in einem negativen Klima abläuft.

Gehen wir noch einmal zurück zu den weiter oben beschriebenen Metaphern. Was könnte denn mit der lauten Schulklasse dargestellt sein? Diese Metapher könnte z.B. ein lautes Großraumbüro beschreiben. Der zu große Koffer ist vielleicht das neue Feature, das zu groß war, um es umzusetzen. Der verpasste Zug vielleicht eine verpasste Chance. Sie sehen schon, die Möglichkeiten sind vielfältig.

Um den Reisebericht zu schreiben, teilt man die Teilnehmer in Gruppen von maximal 4 Teilnehmern auf, die dann jeweils ihren Reisebericht vorstellen. Bevor man in die nächste Phase einsteigt, einigt man sich als Team auf die Ereignisse, die man im weiteren Verlauf der Retrospektive bearbeiten möchte.

5.3.3 Einsichten gewinnen

Bei jeder Reise werden Fotos geschossen, die eine schöne Erinnerung an die zusammen verbrachten Tage sind. Mit der Hilfe dieser Fotos kann man die Reise noch einmal Revue passieren lassen, man kann sie aber auch dazu nutzen, Ereignisse zu rekonstruieren. Der Fall der »Boston Bomber« Anfang 2013 hat eindrucksvoll gezeigt, dass man einen Ablauf genau rekonstruieren kann, wenn man genug Bildmaterial hat. Das Gleiche will man in dieser Phase machen.

Im Normalfall hat man natürlich keine Fotos von den letzten Ereignissen im Projekt. Falls Sie doch welche gemacht haben, bringen Sie diese zur Retrospektive mit. Die Idee dieser Phase ist es, die Ereignisse zu analysieren, indem man versucht, den Weg dorthin in einer Art Fotostrecke zu skizzieren. Man bildet wieder Kleingruppen mit maximal 4 Personen. Jede Gruppe enthält Papier und Stifte, um die Geschichte eines Ereignisses zu erzählen. Am besten startet man hierfür in der Gegenwart und bewegt sich Schritt für Schritt in die Vergangenheit. Um diesen Prozess zu erleichtern, kann man hier die 5-Warum-Fragetechnik einsetzen. So entsteht nach und nach ein Comic, der die Geschichte unseres Teams erzählt, die am Ende zum zu analysierenden Ereignis führt. Auch hier achtet man darauf, beim Thema Zugreise zu bleiben und ausschließlich Ausdrücke aus diesem Thema zu verwenden.

Am Ende stellt jede Gruppe ihre Fotostrecke vor. Haben zwei Gruppen am gleichen Thema gearbeitet, führen beide Gruppen ihre Fotostrecken zusammen. Die analysierten Fotostrecken bilden die Basis für unsere nächste Phase, die Planung der nächsten Zugreise.

5.3.4 Nächste Experimente und Hypothesen definieren

Jetzt ist es an der Zeit, die Zugreise fortsetzen. Dazu muss man zusammen festlegen, wie man den nächsten Abschnitt dieser Reise gestalten möchte. Man macht sich also an die Reiseplanung. Wieder bildet man kleine Gruppen von maximal 4 Teilnehmern. Die Aufgabe jeder Gruppe ist es nun, einen Reiseplan zu erstellen, der die folgenden Elemente enthält:

- Wo wollen wir hin?
- Was haben wir das letzte Mal vergessen und nehmen dieses Mal mit?
- Welche Dinge wollen wir beibehalten?
- Was sollten wir dieses Mal unbedingt vermeiden?
- Eventuell eine kurze Reisecheckliste für jeden Reisenden

Auf diese Weise erhält man aus allen Gruppen Ideen für die nächste Zugreise. Diese Listen müssen im zweiten Teil dieser Phase konsolidiert werden. Dazu einigt man sich auf ein bis zwei Dinge mit dem augenscheinlich größten Potenzial.

Zum Schluss muss man das Ergebnis noch »übersetzen«. Schließlich kann nicht jeder etwas damit anfangen, dass man ab sofort kleinere Koffer mitnehmen will. Stattdessen legt man z.B. fest, dass man in der nächsten Projektphase versuchen will, kleinere Arbeitspakete abzuarbeiten. Vor lauter Zug sollte man auch nicht vergessen, dass die Ergebnisse umsetzbar sind (Stichwort SMART), und eine passende Hypothese definieren. Wenn man das erledigt hat, ist man bereit für den nächsten Abschnitt der Reise.

5.3.5 Abschluss

Wie es im Fußball so schön heißt: Nach dem Spiel ist vor dem Spiel. Das Gleiche gilt natürlich für die Zugreise auch: Nach der Etappe ist vor der Etappe. In der Abschlussrunde spricht man noch einmal kurz durch, was man heute entschieden hat und wer für die Umsetzung der einzelnen Schritte der neuen Reiseplanung zuständig ist. Ganz am Ende trifft man sich am imaginären Gleis (an der Ausgangstüre des Raums) und steigt in den Zug, um den nächsten Abschnitt der Reise zu beginnen (man verlässt den Raum und geht zurück an die Arbeit).

5.4 Die Küchenretrospektive

Wie schon oben beschrieben ist auch die Küchenretrospektive beim Agile Coach Camp 2013 entstanden. Das Team hat zuerst an einer Computerretrospektive gearbeitet, sich dann aber doch abgewendet und ist sinnbildlich in der Küche verschwunden. Wie sich herausgestellt hat, lassen sich von diesem Thema prima Metaphern ableiten.

5.4.1 Den Boden bereiten

Wie auch schon bei den anderen themenbasierten Retrospektiven startet man auch bei der Küchenretrospektive mit der Sammlung von Begriffen rund um die Küche. Dies können Küchengeräte, Zutaten oder gar Rezepte sein. Hier eine kleine Beispielliste:

- Kochlöffel
- Pfanne
- Dunstabzugshaube
- Herd
- Backofen
- Pfeffer
- Salz
- Messer
- Kuchengabel
- Kochtopf
- usw.

Schon beim Erstellen dieser Liste fallen mir verschiedenste Möglichkeiten ein, wie ich die Begriffe im weiteren Verlauf der Retrospektive einsetzen könnte. Besonders angetan hat es mir die Dunstabzugshaube.

5.4.2 Daten sammeln

Die Idee bei der Küchenretrospektive besteht aus einer Istaufnahme der Küche. Was ist/war im Kühlschrank? Gab oder gibt es eine Einkaufsliste, wenn ja, was steht drauf? Wie sieht es in der Küche aus? Wie haben die letzten Gerichte die Küche verlassen? Waren sie verbrannt oder versalzen? War genug auf dem Teller? Hatte man genug zu essen für alle? Wie sieht es mit den Küchengeräten aus? Ist alles da, was man braucht? Funktionieren die Geräte wie gewünscht? Reichen die Vorräte für die nächste Zeit? Was muss nachgekauft werden? Haben die Rezepte etwas getaugt? Gibt es zu viele Köche in der Küche? Usw., usw., usw. Die Antworten auf diese Fragen kommen wie immer auf Post-its und dann auf eine große, freie Wandfläche.

Praxistipp

Achten Sie darauf, dass auf jeden Post-it immer nur eine Antwort geschrieben wird, sonst lassen sich die Themen später schlecht gruppieren.

Hier kann man die einzelnen Post-its, wenn möglich, zu Gruppen zusammenfassen. Zur Gewichtung der verschiedenen Themen kann z.B. wieder meine geliebte »Mehr-Punkt-Abfrage« eingesetzt werden.

Man sieht, wie wunderbar so eine Küche dabei helfen kann, verschiedenste Dinge im Team, im Projekt oder in der Firma anzusprechen. Trotz eines recht kleinen Raums, zumindest im Gegensatz zum Zug, gibt es viele Metaphern, mit denen man beim Daten sammeln experimentieren kann. Am besten probieren Sie es gleich mal in Ihrer nächsten Retrospektive aus.

5.4.3 Einsichten gewinnen

Der Istzustand der Küche kann ziemlich niederschmetternd sein, deshalb ist es jetzt die Aufgabe herauszufinden, was diesen Zustand verursacht hat. Hierbei konzentriert man sich auf die bereits durch die »Mehr-Punkt-Abfrage« selektierten Themen. Um den Dingen auf den Grund zu gehen, kann man z.B. die 5-Warum-Fragetechnik einsetzen oder ein Fischgrätendiagramm nutzen. Eine andere Möglichkeit wäre die Befragung der Kunden.

Was ist ein Fischgrätendiagramm?

Das Fischgrätendiagramm ist eine der Aktivitäten aus dem Buch von Esther Derby und Diana Larsen [Derby & Larsen 2006, S.87] und eine Methode, um nach den Hauptursachen für ein Problem zu suchen. Zuerst zeichnet man das Gerüst, die Fischgräte. Das Problem selbst schreibt man neben den Kopf der Fischgräte. Die einzelnen Gräten werden in Kategorien aufgeteilt, wie z.B. Methoden, Material, Menschen, Regeln, Umgebung, Zulieferer, Fähigkeiten usw. Danach beginnt man ein Brainstorming. Man sucht nach Faktoren in jeder der Kategorien, die das Problem entweder verursachen oder beeinflussen. Diese Faktoren werden entweder direkt an die »Gräten« geschrieben oder man verwendet dafür Post-its. Bei jedem Faktor stellt man dann wieder die Frage nach dem Warum. Das macht man so lange, bis die Ursachen außerhalb des Einflussbereichs des Teams liegen.

Jetzt sucht man nach Faktoren, die in mehr als einer Kategorie aufgetaucht sind. Dies sind die Ursachen mit dem größten Potenzial, mit denen man sich dann im weiteren Verlauf der Retrospektive beschäftigt. Ein Beispiel für ein solches Fischgrätendiagramm kann man in Abbildung 5–1 sehen.

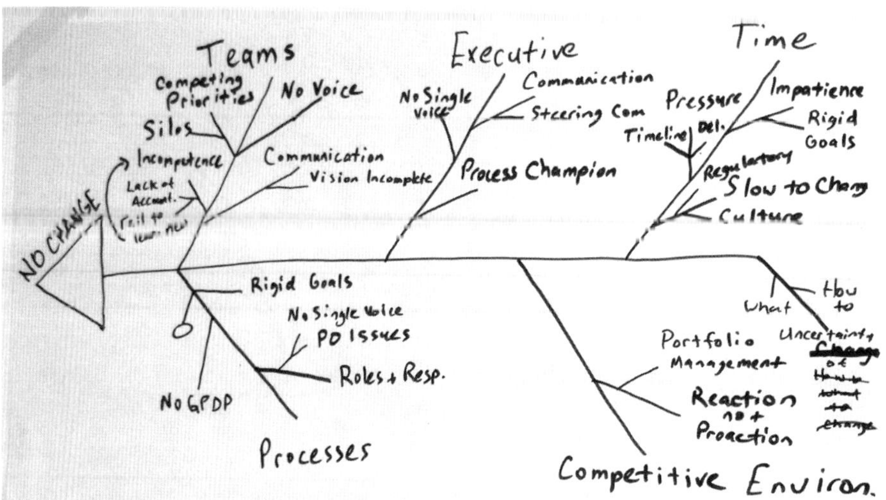

Abb. 5–1 Fischgrätendiagramm

Wenn man seine Küche nicht als kleine Küche im eigenen Haus sieht, sondern als Großküche in einem Restaurant, dann gibt es natürlich auch immer Kunden. Diese Befragung der Kunden kann auf verschiedene Arten durchgeführt werden. Wenn nur das interne Team anwesend ist, splittet man das Team in Küchenpersonal und Restaurantgäste.

Praxistipp

Wenn Personen außerhalb des Teams teilnehmen, wie z.B. tatsächliche interne oder externe Kunden, dann bildet dieser Personenkreis die Kundengruppe.

Dann bildet man Gruppen mit 4–6 Leuten, wobei die eine Hälfte aus Gästen und die andere aus Küchenpersonal besteht. Sind nicht genug Kunden anwesend, muss man die Aufteilung entsprechend anpassen. Nun beginnt die Befragung der Kunden. Hierbei beschränkt das Küchenpersonal seine Fragen auf die bereits selektierten Themenbereiche. Eine Frage könnte z.B. wie folgt lauten: »Warum hat Ihnen das Gericht XYZ nicht geschmeckt? Was hat Ihrer Ansicht nach gefehlt?« usw. Auch hier achtet man darauf, immer im Kontext der Küchenbegriffe zu bleiben. Mit einem Vorrat an Einsichten kann man dann in die nächste Phase starten.

5.4.4 Nächste Experimente und Hypothesen definieren

Die Gäste sind gegangen und man ist fast am Ende der Retrospektive angekommen. Wie jeder gute Koch will man am nächsten Tag seine Gäste noch besser bekochen und mit kreativen Ideen aufwarten. Deshalb setzt man sich zusammen und überlegt, wie man seine Prozesse in der Küche weiter verbessern und das ein oder andere Detail an seinen Rezepten überarbeiten kann. Man beantworten dazu die folgenden Fragen:

- Welches Experiment können wir starten, um unsere Prozesse in der Küche zu verbessern?
- Wie können wir die Zeiten zwischen Bestellung und Auslieferung unseres gekochten Gerichts an den Endkunden verkürzen?
- Welches unserer Rezepte ist überholungsbedürftig und was sollen wir versuchen zu verbessern?

Natürlich kann man nicht alles auf einmal ändern, sonst kann man später nicht mehr zurückverfolgen, welches Experiment welchen Effekt hatte. Man muss sich also auf 1–2 Experimente einigen und für diese die entsprechenden Hypothesen definieren. Wenn man das geschafft hat, ist es Zeit für den Abschluss.

5.4.5 Abschluss

Warum soll man eine Retrospektive nicht mal mit einem leckeren Nachtisch beenden? Damit kann man sich für die nächste Projektphase stärken und während des Essens noch einmal die nächsten Schritte besprechen.

5.5 Die Piratenretrospektive

Die Idee, eine Retrospektive auf der Basis der Piratenmetapher zu machen, hatte ich bereits im September 2012 auf der ALE-Konferenz (Agile Lean Europe) in Barcelona. Dort traf ich Gitte Klitgaard Hansen, die ein großer Piratenfan ist. Während der Konferenz habe ich eine Open Space Session vorgeschlagen, um neue Retrospektivenaktivitäten auf der Basis von Metaphern zu generieren. Eine der Metaphern waren Piraten. Leider waren wir zu diesem Zeitpunkt recht ideenlos und uns fielen einfach keine Aktivitäten zu dieser Metapher ein. Und so schlummerte die Idee einer Piratenretrospektive vor sich hin, bis ich sie für dieses Buch wiederentdeckte.

Um mich auf dieses Thema einzustellen, habe ich mich an meine Kindheit zurückerinnert. Als Kind liebte ich Piratenfilme und Bücher wie die Schatzinsel. Piraten waren ein unglaublich spannendes Thema für mich, wie vielleicht für viele andere Jungs in dem Alter auch. Zusätzlich habe ich mir ein paar Artikel zum Thema Piraten durchgelesen, um mir ein Gesamtbild zu verschaffen.

Eine Piratenretrospektive kann sehr viel Spaß machen, wenn das Team aufgeschlossen genug ist, sich darauf einzulassen. Bei einem neuen Team kann man vielleicht erst eine der anderen, zuvor beschriebenen Retrospektiven ausprobieren. Aber genug der Worte, machen Sie sich bereit zum Entern.

5.5.1 Den Boden bereiten

Um den Boden für eine richtig gute Piratenretrospektive zu bereiten, sollte man den Raum mit ein paar Requisiten ausstatten. Jeder bekommt eine Augenklappe, ein paar Säbel stehen an der Wand, ein Fischnetz mit Muscheln liegt über dem Tisch und Sie als Facilitator kommen mit Holzbein. Wie weit Sie in Ihrer Retrospektive gehen wollen, ist natürlich Ihnen selbst überlassen. Wenn Sie ganz mutig sind, können Sie sich auch noch einen Papagei für Ihre Schulter in der nächsten Zoohandlung besorgen. Klingt alles ein bisschen verrückt? Ja, stimmt, aber ich bin sicher, dass es Teams gibt, die hier mit Freuden mitmachen.

Nachdem man alle eingestimmt hat, kommt das obligatorische Sammeln von Begriffen, die mit der Piratenmetapher zu tun haben. Wie immer habe ich hier einige Beispiele:

- Pirat
- Säbel
- Piratenschiff
- Piratenschatz
- Schatzkarte
- Schatzinsel
- Holzbein
- Augenklappe
- Entern
- Totenkopfflagge
- usw.

Ihnen fallen sicher noch mehr Begriffe ein. Diese Begriffe werden wie immer für den Rest der Retrospektive sichtbar im Raum aufgehängt.

5.5.2 Daten sammeln

Sie sind die Besatzung eines Piratenschiffs, das gerade von einem erfolgreichen Beutezug in seinem Heimathafen angekommen ist. Sie waren einige Wochen auf dem Meer und wollen sich ein wenig ausruhen, bevor Sie sich auf den Weg zum nächsten Beutezug machen. Bevor Sie allerdings wieder auf Beutefang gehen, wollen Sie den letzten Ausflug gemeinsam Revue passieren lassen. Ihr Kapitän war im Großen und Ganzen zufrieden, sieht aber immer noch Potenziale, wo man sich als Mannschaft noch verbessern kann. Damit Sie die Lage besser analysieren können, teilen Sie Ihren Beutezug in vier verschiedene Phasen ein, die Sie zumindest anfangs getrennt betrachten wollen. Diese Phasen sind:

1. Vorbereitung
2. Navigation
3. Das Gefecht
4. Qualität und Aufteilung der Beute

Man könnte diese Phasen in etwa so in die reale Welt übersetzen:

1. Wie gut war die Planung der letzten Iteration
2. Was hat das Team getan, um seine Ziele zu erreichen?
3. Wie erfolgte die Umsetzung?
4. Welche Qualität hatten die Ergebnisse der letzten Iteration und waren alle damit zufrieden?

Jede dieser vier Phasen bekommt ihre eigene Seite Flipchartpapier, die verteilt im Raum aufgehängt werden. Nun bildet man vier Gruppen, die sich vor jeweils einer Phase versammeln, um ihre Punkte auf das Flipchartpapier zu schreiben. Dazu bekommen die Gruppen 5 Minuten Zeit. Nach diesen 5 Minuten wechseln die Gruppen im Uhrzeigersinn zum nächsten Flipchart, bis jede Gruppe an jeder Phase ihren Input hinterlassen hat. Im nächsten Schritt stellt einer aus der Gruppe die Ergebnisse des Flipcharts vor, bei dem die Gruppe zuletzt stand. Auf diese Art und Weise bekommt man ein gutes Gesamtbild des letzten Beutezugs und man kann damit beginnen, nach den Ursachen für die eine oder andere Sache zu suchen.

5.5.3 Einsichten gewinnen

Zuerst muss man sich darauf einigen, welche Punkte am dringlichsten untersucht werden müssen. Dazu wählt jede Gruppe ein Thema auf jedem Flipchart (z.B. mit unserer berühmten Mehr-Punkt-Abfrage) und begibt sich dann im Uhrzeigersinn zum nächsten Flipchart. Noch einmal zur Erinnerung: Es müssen nicht zwingend negative Dinge sein. Manchmal kann es interessant sein herauszufinden, warum etwas gut gelaufen ist, damit man es eventuell reproduzieren kann. So erreicht man einen kleinen Überraschungseffekt, der eventuell zu ein paar neuen Ideen führen kann.

Um zu analysieren, was die möglichen Ursachen sind, nutzt man in der Piratenretrospektive ein besonderes Fischgrätendiagramm. Bei diesem Diagramm werden die Kategorien der Hauptgräten wie folgt bezeichnet:

- Ausrüstung
- Proviant
- Schiff
- Feind
- Personal
- Kapitän

Dies hilft zum einen, weiterhin wie Piraten zu denken, und zum anderen hat man klare Vorgaben für die Kategorien und man muss sich um dieses Thema nicht mehr kümmern.

Am Ende dieser Phase stellen alle Gruppen ihr Fischgrätendiagramm vor und bereiten somit den Weg zu unserer nächsten Phase: die Planung des nächsten Beutezugs.

5.5.4 Nächste Experimente und Hypothesen definieren

Jetzt hat man ein besseres Verständnis für den letzten Beutezug und hat gelernt, wie man versuchen kann, entweder Negatives zu vermeiden oder Positives zu reproduzieren. Jetzt ist es an der Zeit, neue Pläne zu machen. Dazu teilt man wieder seinen nächsten Beutezug in die vier Phasen ein, die bereits weiter oben beschrieben wurden:

1. Vorbereitung
2. Navigation
3. Das Gefecht
4. Qualität und Aufteilung der Beute

Wieder werden vier Gruppen (am besten neue) gebildet, die sich jeweils eine Phase vornehmen. Gemeinsam sammeln sie Ideen für Dinge, die sie in der jeweiligen Phase ausprobieren wollen. In einer zweiten Farbe schreiben sie ihre Hypothese dazu, also z.B. in Schwarz das eigentliche Experiment und in Grün die Hypothese, was sie damit erreichen wollen. Nach fünf Minuten wechseln die Gruppen wieder im Uhrzeigersinn zur nächsten Phase, bis sie alle Phasen bearbeitet haben. Abermals stellt einer aus der Gruppe die gesammelten Ergebnisse vor.

So schade es auch ist, aber alle Experimente kann man nicht durchführen. Stattdessen muss man sich für ein Experiment pro Phase entscheiden. Dazu wählt jeder Pirat sein Lieblingsexperiment pro Phase aus, indem er einen Strich dahinter setzt. Jeder hat also eine Stimme pro Phase. Die Experimente mit den meisten Strichen werden Teil unseres nächsten Beutezugs. Jetzt ist man gut vorbereitet für das nächste Abenteuer.

5.5.5 Abschluss

Ab und an muss man mal wieder eine Retrospektive der Retrospektive machen und deshalb erfolgt jetzt zum Abschluss noch ein ROTI (Return On Time Invested) der Piratenart. Dazu zeichnet man eine Skala mit drei Booten: einem Seelenverkäufer mit einem Mast, einem normal ausgestatteten Schiff mit zwei Masten und einem Luxuspiratenschiff mit allem Drum und Dran inklusive Kanonen und drei Masten. Dann bekommt jeder ein Post-it in Schiffsform und darf es auf der Skala aufkleben, wenn er den Raum verlässt. Je näher das Post-it am Luxuspiratenschiff klebt, desto besser das Feedback für die Piratenretrospektive.

Ob man danach noch zu einem Piratengelage mit Rum und guter Musik einlädt, bleibt dann dem jeweiligen Facilitator überlassen. Vielleicht trifft man sich auch einfach nur zu einem kühlen Bier in seiner Lieblingskneipe.

6 Systemische Retrospektiven

Als ich vor ein paar Jahren neu in einer Firma angefangen habe, wollte ich mir als Erstes einmal die Teams ansehen und mir ein Bild davon machen, wie hier gearbeitet wurde. Es wurde das Scrum Framework eingesetzt, also besuchte ich alle damit verbundenen Meetings. Das Daily Standup, das Sprint Review, das Sprint Planning und natürlich auch die Retrospektiven. Schon nach kurzer Zeit wurde mir klar, dass es nicht optimal lief und der Scrum-Prozess schon an einigen Ecken zu bröckeln begann. Zu diesem Zeitpunkt wurde seit ca. einem Jahr nach Scrum gearbeitet. In den Teams selbst versuchte man in allen Bereichen agil zu arbeiten und hatte auch schon große Fortschritte gemacht. Man hatte begonnen, TDD (Test Driven Development) einzuführen, man hatte einen Continuous Integration Server und auch alle Elemente des Scrum-Prozesses etabliert. Nach und nach wurde aber klar, dass Scrum ohne Integration der vielen Schnittstellen, mit denen ein Team in einer großen Firma zu tun hat, nicht wirklich weitergeht. Das Team stieß irgendwann an eine Grenze, die scheinbar nicht zu überwinden war. Das spürte man auch ganz deutlich an den Retrospektiven.

Da ich mit der Durchführung der Retrospektiven unzufrieden war, bot ich bald an, eine der Retrospektiven zu leiten. Ich hielt mich streng an die 5 Phasen, plante kreative Aufgaben für jede Phase ein und war im Großen und Ganzen mit dem Ablauf zufrieden. Wir hatten Probleme identifiziert und nach den Ursachen gesucht und waren aus meiner Sicht bereit für die Definition der Maßnahmen. Bevor wir allerdings damit beginnen konnten, bemerkte eines der Teammitglieder, dass sie genau die gleichen Ergebnisse schon in den letzten Retrospektiven herausgearbeitet hatten und er keinen Sinn darin sieht, hier weiterzumachen. Daraus entstand eine Diskussion, die mir das erste Mal vor Augen führte, dass es an einigen Stellen Probleme gab und dass die Ursachen scheinbar außerhalb des Einflussbereichs des Teams lagen. Trotz allem bestand ich darauf, einige Maßnahmen zu definieren und Verantwortliche und Termine festzulegen, um diese Aufgaben in die Tat umzusetzen. Leider nur mit mäßigem Erfolg. Ich versuchte durch immer kreativere Retrospektiven bessere Ergebnisse zu erzielen, aber am Ende musste ich mir eingestehen, dass ich mit diesem Vorgehen nicht weiterkam.

Das ist ein Problem, mit dem viele Teams, insbesondere Teams in größeren Unternehmen, eines Tages konfrontiert werden, wenn sie einen kontinuierlichen Verbesserungsprozess einführen wollen. Nach einer energiereichen ersten Phase kommt dieser Prozess ins Stocken und es scheint, als ob man einfach nicht mehr weiterkommt. Die Ursache hierfür ist relativ klar: In den ersten Wochen konzentriert sich das Team auf sich selbst und kann schnell, einfach und direkt Dinge verändern, abschaffen oder neu einführen. Da das Team in den meisten Fällen niemanden außerhalb des Teams benötigt, um diese Dinge umzusetzen, kommt es sehr schnell vorwärts. Aber schon nach ein paar Monaten gerät der ganze Prozess ins Stocken. Alle »low hanging fruits« wurden geerntet und es wird sehr viel schwieriger, Dinge zu adressieren. Das liegt daran, dass das Team Teil eines sehr viel größeren Systems ist und mit ihm über Schnittstellen verbunden ist. Um in einem solchen System erfolgreich arbeiten zu können, fehlen den meisten Teams oft die notwendigen Werkzeuge. Diese Werkzeuge nennen sich »Systemdenken« und »Komplexitätsdenken«. In den nächsten Kapiteln werde ich beleuchten, was hinter diesen Begriffen steht und wie man diese Techniken in Retrospektiven anwenden kann.

6.1 Systeme

Bevor man überhaupt über Systemdenken sprechen kann, muss man erst einmal klären, was man unter einem System versteht.

Der Begriff **System** (von griechisch σύστημα, altgriechische Aussprache *sýstema*, heute *sístima*, »das Gebilde, Zusammengestellte, Verbundene«; Plural *Systeme*) bezeichnet allgemein eine Gesamtheit von Elementen, die so aufeinander bezogen bzw. miteinander verbunden sind und in einer Weise interagieren, dass sie als eine aufgaben , sinn oder zweckgebundene Einheit angesehen werden können [Wikipedia 04].

Beispiele für Systeme sind z.B. das Sonnensystem, Uhrwerke oder Motoren. Das System Mensch besteht selbst aus mehreren Subsystemen wie z.B. dem Blutkreislaufsystem, dem Atemsystem, dem Nervensystem und dem Verdauungssystem. Diese Subsysteme haben alle ein unterschiedliches Verhalten und bilden durch ihre Zusammenarbeit wieder ein völlig neues System mit einem völlig anderen Verhalten. Gleichzeitig agiert der Mensch in einem sozialen System, das wiederum aus anderen Subsystemen bestehen kann, wie z.B. der Familie, dem Verein, in dem er Mitglied ist, oder der Firma, in der er angestellt ist.

Eine schöne Metapher für ein System, die ich von Rolf Dräther übernommen habe, ist das Mobile. Bei einem Mobile hängen alle Teile mehr oder weniger zusammen und man kann nicht vorhersagen, in welcher Position das System wieder zur Ruhe kommt, wenn man es anstößt. Auf jeden Fall muss die Irritation – also die Berührung, der Impuls zur Bewegung – anschlussfähig sein, d.h., das System muss damit umgehen können. Ist der Impuls zu schwach, passiert nichts.

Wohldosiert angestoßen setzt sich das System in Bewegung. Irritiert man das System allerdings zu stark, fällt das Mobile von der Decke oder zerreißt und wird zerstört.

Wenn man von einem System spricht, muss man auch immer wissen, wo man die Systemgrenzen definiert. Das ist aber gar nicht so einfach, wie es klingt. Jurgen Appelo hat das in einer seiner Präsentationen schön auf den Punkt gebracht [Appelo 2011a]. Nehmen wir einmal an, eine Gruppe von systemischen Denkern betritt eine Bar. Prompt stellen sich die folgenden Fragen:

- Was genau ist eine Bar?
- Sind die Leute, die hier sitzen, ein Teil der Bar?
- Ist das Bier Teil der Bar?
- Was passiert, wenn ich mein Bier getrunken habe? Ist es dann immer noch Teil der Bar?
- Wenn ich mit meinem Bier raus gehe, ist es dann noch Teil der Bar?
- Ist die Bar überhaupt ein System? Wenn ja, was ist das Ziel dieser Bar?

Man sieht, es ist gar nicht so einfach. Bei einem Haufen Sand ist es schon einfacher: Er ist kein System. Zum einen hat dieser Sandhaufen kein Ziel und man kann problemlos Sand wegnehmen oder wieder hinzufügen, es ändert sich nichts. Die einzelnen Teile (Sandkörner) interagieren nicht miteinander, sind also kein System.

6.1.1 Statische und dynamische Systeme

Es gibt auch noch die Unterscheidung von statischen und dynamischen Systemen. Statische Systeme sind in den meisten Fällen von Menschen erdachte Systeme wie Ordnungssysteme (z.B. das Periodensystem), Klassifizierungssysteme (z.B. Linnés Systematik der Pflanzen), Dokumentationssysteme (z.B. eine Bibliothek), mathematische Systeme (z.B. die elementare Algebra) usw. Die Systeme hingegen, aus denen die uns umgebende Welt besteht, also das, was man als Realität wahrnimmt, sind alle dynamisch. Sie tragen sozusagen das Programm zu ihrer eigenen Veränderung in sich und sind eine Gesamtheit verschiedener Einheiten in Wechselwirkung [Vester 1983].

6.1.2 Kompliziert und komplex

Darüber hinaus gibt es noch die Unterscheidung zwischen komplizierten und komplexen Systemen. Interessanterweise werden diese Begriffe im Alltag häufig gleichbedeutend eingesetzt. Eine Unterscheidung dieser Begriffe ist aber extrem wichtig, da sich die Problemlösestrategien in beiden Fällen unterscheiden.

Um zu beschreiben, was der Unterschied zwischen kompliziert und komplex ist, gibt es mehrere Modelle. Eines davon ist das Cynefin Framework von David Snowden.

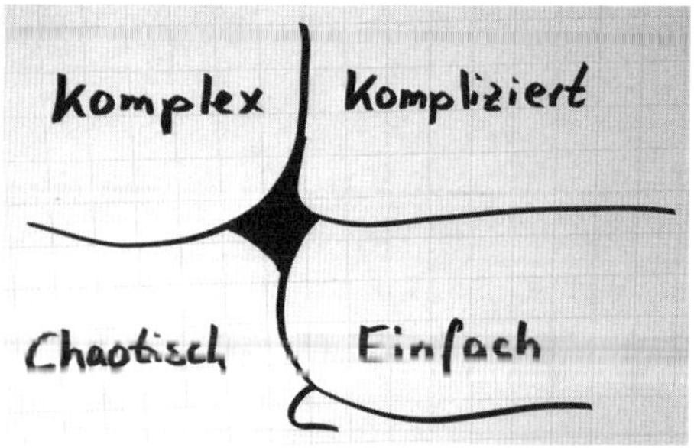

Abb. 6–1 *Cynefin-Modell (von David Snowden)*

Das Cynefin-Modell liefert eine Topologie von Kontexten, die einen Anhaltspunkt bieten sollen, welche Art von Erklärungen und/oder Lösungen zutreffen könnten. Die vier Bereiche heißen: Einfach, Kompliziert, Komplex und Chaotisch. Der chaotische Bereich ist laut Snowden der Zustand des »Nicht Wissens«. Zusätzlich gibt es noch den Bereich Chaos in der Mitte. Für jeden der Bereiche schlägt Snowden spezielle Herangehensweisen vor, um Lösungen für Probleme im jeweiligen Bereich zu erarbeiten [Snowden 2010].

Ich persönlich bevorzuge ein anderes Modell, um diese Thematik zu beschreiben: das »Structure-Behavior«-Modell von Jurgen Appelo [Appelo 2011b, S. 41]. Laut Appelo braucht man zur Erklärung des Unterschiedes zwischen Komplex und Kompliziert zwei Dimensionen. Die eine Dimension bezeichnet die Struktur (engl. Structure) eines Systems und wie gut man dieses versteht. Hier gibt es zwei Kategorien:

- Einfach = leicht zu verstehen
- Kompliziert = sehr schwer zu verstehen

Die andere Dimension benennt das Verhalten eines Systems und wie gut man es vorhersagen kann. In dieser Dimension gibt es drei Kategorien:

- Geordnet = komplett vorhersagbar
- Komplex = teilweise vorhersagbar (mit der ein oder anderen Überraschung)
- Chaotisch = nahezu unvorhersehbar

Meine Socken sind einfach (Struktur), es ist sehr leicht zu verstehen, wie sie funktionieren. Aber das ferngesteuerte Auto meines Sohnes ist kompliziert. Um zu verstehen, wie es funktioniert, muss ich es auseinandernehmen und selbst dann wird es mich einige Zeit kosten, alle Komponenten und deren Zusammenspiel zu verstehen. Trotzdem ist das Verhalten sowohl meiner Socken als auch des ferngesteuerten Autos leicht vorhersehbar (Verhalten), sie haben also ein geordnetes Verhalten.

Unsere Familie ist auch einfach. Meine Frau und ich haben zwei Söhne und wenn man uns kennenlernen will, kommt man einfach mal zum Kaffee vorbei oder fährt ein paar Tage mit uns in den Urlaub. Die Stadt, in der wir unseren gemeinsamen Urlaub verbringen, ist nicht einfach, sondern kompliziert (Struktur). Je nach Größe der Stadt kann es Jahre dauern, bis man sich dort zurecht findet. Dennoch ist sowohl das Verhalten meiner Familie als auch der Personen in einer Stadt komplex. Ich kenne meine Frau schon recht lange und meine Kinder erst recht. Und trotzdem gibt es immer wieder Situationen, die ich so nicht vorhergesehen habe. Ich kann meine Familie mittlerweile recht gut einschätzen, aber nur bis zu einem gewissen Grad. Ohne magische Glaskugel wird es immer Überraschungen geben.

Unsere Lavalampe zu Hause ist ebenfalls ein einfaches System. Eine Glühlampe erwärmt das in der Flüssigkeit (meistens Öl) schwimmende Wachs, das dann in Blasen nach oben steigt. Kühlt es sich ab, sinkt es wieder nach unten. Trotzdem kann ich nicht vorhersagen, wann eine Wachsblase nach oben steigt, welche Größe sie haben wird und ob sie mit anderen Wachsblasen kollidiert. Das Verhalten in der Lavalampe ist nicht vorhersagbar, also chaotisch. Die Frankfurter Börse ist ebenfalls chaotisch. Das Verhalten ist nicht vorhersagbar. Wäre es das, würde das gesamte Börsensystem kollabieren. Zusätzlich ist die Börse im Gegensatz zur Lavalampe aber auch noch extrem kompliziert. Zumindest ich habe noch nicht verstanden, wie sie funktioniert.

Laut Appelos Modell können Dinge also komplex und kompliziert zugleich sein. Das liegt daran, dass sich kompliziert auf die Struktur des Systems bezieht und die Komplexität auf das Verhalten. Gleichzeitig müssen komplexe Systeme aber nicht zwingend kompliziert sein. Aber wie es George E. P. Box so schön sagt: »Alle Modelle sind falsch, aber einige sind nützlich.« Am Ende sollen all diese Modelle dabei helfen, ein System entsprechend einzuordnen, um zu verstehen, inwieweit man ein solches System beeinflussen kann und wie gut das Ergebnis der jeweiligen Irritation vorhersehbar ist.

6.2 Systemdenken

Systemdenken ist ein Prozess und kein Werkzeug. Es äußert sich primär in der Geisteshaltung, dass es für einen Effekt nicht die eine Ursache gibt, sondern verschiedene Elemente in einem System zusammengespielt haben, um diesen Effekt zu erzeugen. Systemiker, wie man systemisch denkende Menschen im Deutschen nennt, haben erkannt, dass es ein lineares Ursache-Wirkungs-Prinzip nur bedingt geben kann. Systemiker sehen Probleme als Teil des Systems und nicht als dessen Effekt.

Um diesen Prozess, diese Geisteshaltung zu unterstützen, gibt es im Systemdenken eine Sammlung von Werkzeugen, die dabei helfen sollen, ein System zu verstehen und auf dieser Basis Probleme im System anzugehen. Systemiker sind der Überzeugung, dass das Lösen von Problemen nur dann Sinn macht, wenn man das System kennt und im besten Fall visualisiert hat. Gleichzeitig macht Systemdenken klar, dass man selbst Teil des Systems ist und die eigenen Handlungen wiederum andere Teile im System beeinflussen. Es ist immer wieder interessant, wie viele Menschen diesen Fakt ignorieren und sich immer als Ende in einer Kette kausaler Zusammenhänge sehen. Zu verstehen, dass man Teil des Systems ist, ist ein erster Schritt zum Systemiker. Im Folgenden lernen Sie zwei Werkzeuge kennen, die Sie dabei unterstützen, Systeme zu visualisieren und im nächsten Schritt zu verstehen.

6.2.1 Causal-Loop-Diagramme

Causal-Loop-Diagramme (CLDs) sind das wichtigste und zentralste Werkzeug, um Systeme zu beschreiben. Die erste formale Verwendung dieser Diagramme geht auf Dr. Dennis Meadows zurück. Er und sein Team nutzten CLDs, um das sogenannte »World3«-Modell zu beschreiben [Wikipedia 06]. Es beschreibt, wie verschiedene Variablen in einem System kausal zusammenhängen und sich gegenseitig beeinflussen. Es besteht aus verschiedenen Knoten, die die Variablen repräsentieren. Die Beziehung zwischen diesen Variablen wird durch Pfeile dargestellt,

Abb. 6–2 *Causal Link*

die einen positiven oder negativen Effekt haben können. Die Variablen in einem solchen Diagramm sind immer Substantive und im besten Fall messbar.

Same- und Opposite-Effekt

Um zu definieren, welchen Effekt eine Variable auf eine andere Variable hat, schreibt man entweder ein »s« für »same« an die Pfeilspitze oder ein »o« für »opposite«. Das »s« bedeutet, dass wenn die eine Variable am Anfang des Pfeils sich positiv verändert, die Variable am Ende sich ebenfalls positiv verändert.

Abb. 6–3 *Causal Link mit Same-Effekt*

Wenn sich z.B. wie in Abbildung 6–3 die Qualität eines Produkts erhöht, so erhöht sich die Kundenzufriedenheit. Es passiert also immer das Gleiche (engl. same) mit beiden Variablen auf beiden Seiten des Pfeils.

Abb. 6–4 *Causal Link mit Opposite-Effekt*

Das »o« bedeutet, dass wenn die eine Variable am Anfang des Pfeils sich positiv verändert, die Variable am Ende sich gegenteilig, also negativ, verhält. Wenn sich also die Anzahl der Geparde in Abbildung 6–4 erhöht, gibt es am Ende weniger Gazellen. Irgendwo muss das Essen für die Geparde schließlich herkommen. Es passiert also immer das genaue Gegenteil (engl. opposite) bei den beiden Variablen am Pfeil.

Wenn man sich das Geparde/Gazellen-Beispiel ansieht, fällt einem auf, dass die Anzahl der Gazellen vermutlich auch einen Einfluss auf die Anzahl der Geparde hat. Wenn es weniger Gazellen gibt, gibt es weniger zu fressen und dadurch wird die Gepardenpopulation wieder sinken. Im Augenblick ist das noch nicht abgebildet. Diesen »Loop« sucht man in der obigen Grafik bisher vergeblich, es fehlen also noch ein paar wichtige Elemente. Deshalb gibt es in diesen Diagrammen zwei verschiedene Grundformen von Loops. Das sind zum einen die »Balancing Loops« und zum anderen die »Reinforcing Loops«.

Balancing und Reinforcing Loops

Bei einem »Balancing Loop« pendeln sich die beteiligten Variablen gegenseitig ein. Es entsteht eine Art Gleichgewicht, bei dem sich die einzelnen Variablen immer so beeinflussen, dass sie sich gegenseitig in der Waage halten. Man könnte sagen, dass dadurch am Ende ein stabiles System entsteht. In der Mitte eines »Balancing Loop« steht ein kleiner offener Kreis mit Pfeil, der den Buchstaben »B« für »Balancing« enthält.

Abbildung 6–5 zeigt ein einfaches Beispiel für einen »Balancing Loop«. Wenn die Qualität des Produkts steigt, steigt auch die Kundenzufriedenheit. Dadurch wiederum steigt die Nachfrage, da sich die gute Qualität beispielsweise durch Mundpropaganda herumspricht. Die höhere Nachfrage hat aber leider einen

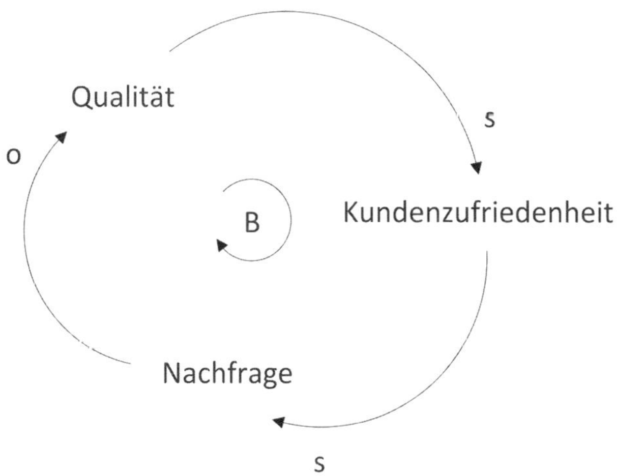

Abb. 6–5 *Balancing Loop*

negativen Einfluss auf die Qualität. Da jetzt eine höhere Anzahl Produkte mit der gleichen Anzahl von Mitarbeitern produziert werden muss, sinkt die Qualität. Dadurch sinkt die Kundenzufriedenheit und die Nachfrage fällt, wodurch die Mitarbeiter mehr Zeit haben, um sich im Produktionsprozess besser auf die Qualität konzentrieren zu können. Natürlich ist dieses Beispiel stark vereinfacht und es gibt sicher noch unzählige andere Variablen, die dieses System beeinflussen. Es zeigt aber sehr schön, wie ein »Balancing Loop« funktioniert und das soll fürs erste reichen.

Das Gegenteil von einem »Balancing Loop« ist der sogenannte »Reinforcing Loop«. Bei einem »Reinforcing Loop« schaukelt sich ein System immer weiter auf, bis es an irgendeine Systemgrenze stößt, die ein weiteres Aufschaukeln verhindert. Im Deutschen würde man vielleicht Teufelskreis sagen, wobei ein »Reinforcing Loop« nicht zwingend negativ sein muss. In der Mitte eines »Reinforcing Loop« ist ebenfalls ein kleiner offener Kreis mit Pfeil, der aber in diesem Fall ein »R« für »Reinforcing« enthält. Um beim Erstellen eines CLD herauszufinden, ob es sich um ein »Balancing« oder einen »Reinforcing« Loop handelt, zählt man einfach die Anzahl der »o«-Elemente. Ergibt die Anzahl der »o«-Elemente 0 oder eine gerade Zahl, so ist der Loop »Reinforcing«. Ergibt die Anzahl der »o«-Elemente eine ungerade Zahl, so ist es immer ein »Balancing Loop«.

Abbildung 6–6 zeigt einen »Reinforcing Loop« in Aktion. Es bildet das stark vereinfachte System eines Theaters ab. Durch eine Investition in dieses Theater ist man in der Lage, bessere Requisiten und Schauspieler einzukaufen, wodurch sich die Berichte in den Medien verbessern, da man jetzt bessere Aufführungen zeigen kann (eventuell könnte man hier also noch die Variable »Qualität der Aufführung« hinzufügen).

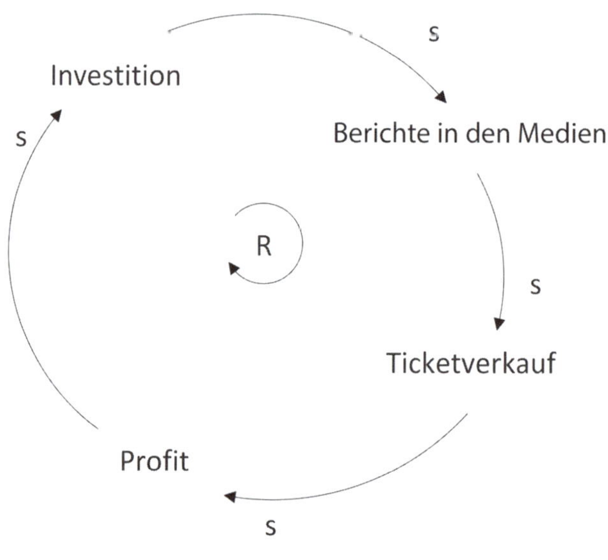

Abb. 6–6 *Reinforcing Loop*

Die verbesserten Berichte in den Medien führen schließlich zu einem erhöhten Ticketverkauf, wodurch wiederum der Profit steigt, den man dann wieder in das Theater investieren kann. Es ist klar, dass man nicht alle Variablen in dem System beliebig erhöhen kann. Irgendwann ist z.B. kein Platz mehr im Theater und man kann nur so viele Tickets verkaufen, wie Plätze vorhanden sind. Aber auch hierfür gibt es in den CLDs ein Element, das sogenannte »Constraint« (deutsch Grenze oder Beschränkung).

Constraints und Delays

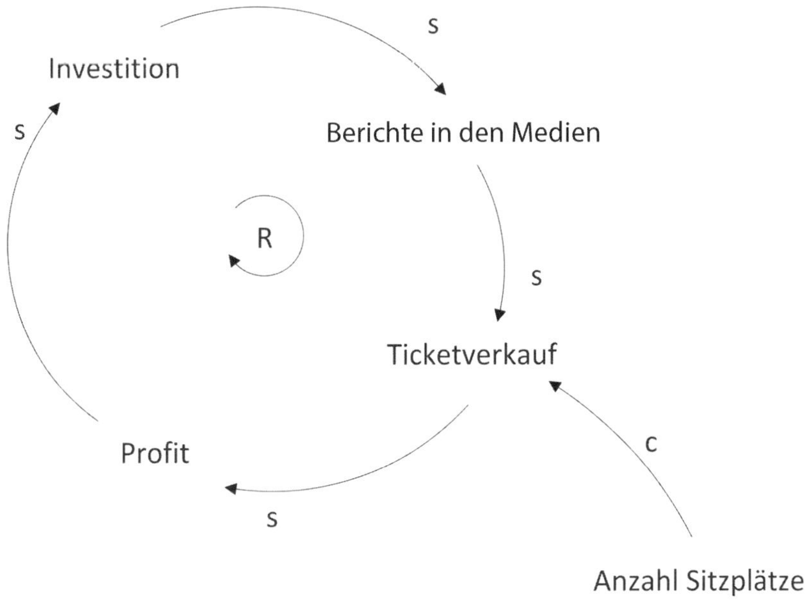

Abb. 6–7 *Reinforcing Loop mit Constraint*

Ein »Constraint« wird durch den Buchstaben »c« auf der Mitte eines Pfeils dargestellt. Ein Beispiel für einen »Constraint« sieht man in Abbildung 6–7. Wie bereits weiter oben erwähnt, haben die meisten Variablen irgendwo eine Begrenzung. In diesem Fall kann man nur so viele Tickets verkaufen, wie auch Sitzplätze im Theater verfügbar sind. Ist das maximale Limit erreicht, können auch die anderen Variablen nicht weiter ansteigen. Man könnte natürlich die Preise der Tickets erhöhen, aber bevor man das macht, sollte man vielleicht lieber ein CLD erstellen, das die Auswirkungen einer Erhöhung der Ticketpreise darstellt.

Den Abschluss unseres kleinen Ausflugs in die CLDs bildet das »Delay« (deutsch Verzögerung). Es sollte klar sein, dass eine Veränderung einer Variablen nicht immer eine sofortige Auswirkung auf die anderen Variablen hat. Manchmal kann es etwas dauern, bis der Effekt sichtbar wird. Dazu ein kleines Beispiel.

Der »Balancing Loop« in Abbildung 6–8 zeigt, wie sich ein Anstieg der Gazellenpopulation auf die Gepardenpopulation auswirkt. Wenn die Gazellenpopulation ansteigt und es somit mehr für die Geparde zu fressen gibt, gibt es natürlich nicht plötzlich mehr Geparde. Die Tragzeit eines Gepards beträgt in etwa 95 Tage, somit gibt es eine Verzögerung von minimal 95 Tagen, bis sich die erhöhte Gazellenpopulation tatsächlich auf die Geparde auswirkt. Das Erlegen der Gazellen geht wiederum recht zügig, somit gibt es hier keine Verzögerungen. Anders ist es wieder, wenn sich die Gazellenpopulation verringert. Auch das wirkt sich nicht unmittelbar auf die Gepardenpopulation aus, da der Nahrungsmittelmangel nicht zu einer sofortigen Verkleinerung der Gepardenpopulation führt.

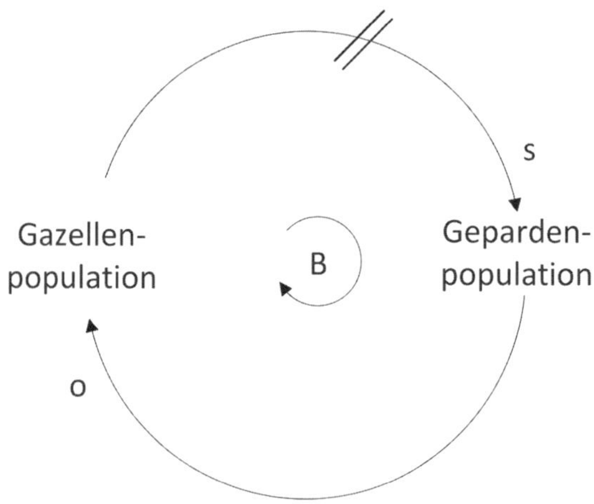

Abb. 6–8 *Delay in einem Balancing Loop*

CLD Beispiel

Es gibt noch weitere Elemente in CLDs, aber die hier aufgeführten sind die gebräuchlichsten und am meisten verwendeten. Mit diesen Elementen lassen sich die meisten CLDs darstellen. Zum Abschluss noch ein Beispiel für ein größeres CLD.

Das CLD in Abbildung 6–9 zeigt das System, in dem Antilopen, Geparden und andere Raubtiere leben, und wie sie sich dort gegenseitig beeinflussen. Oben links, beim Regen, geht es los. Dieser bewirkt, dass Gras wächst. Das »s« am Pfeil sagt uns, dass es mehr Gras gibt, wenn es mehr regnet. Logisch. Das Gras wiederum hat einen verzögerten Effekt auf die Antilopenpopulation. Auch hier besagt das »s«, dass beide Variablen gemeinsam wachsen oder fallen. Ebenfalls Einfluss auf die Antilopenpopulation haben andere Raubtiere, wie z.B. Löwen oder Hyänen. Dies wird durch die Variable »Andere Raubtiere« angezeigt, die einen gegenteiligen Effekt auf die Antilopenpopulation hat (o). Je mehr andere Raubtiere, desto weniger Antilopen und umgekehrt. Geht man nach links unten, kann man sehen, welche Auswirkungen Wilderer auf die Antilopenpopulation haben. Wie nicht anders zu erwarten, haben auch Wilderer einen gegenteiligen (o) Effekt sowohl auf die Antilopen als auch auf die Geparden. Je weniger Wilderer, desto mehr Antilopen/Geparde und anders herum.

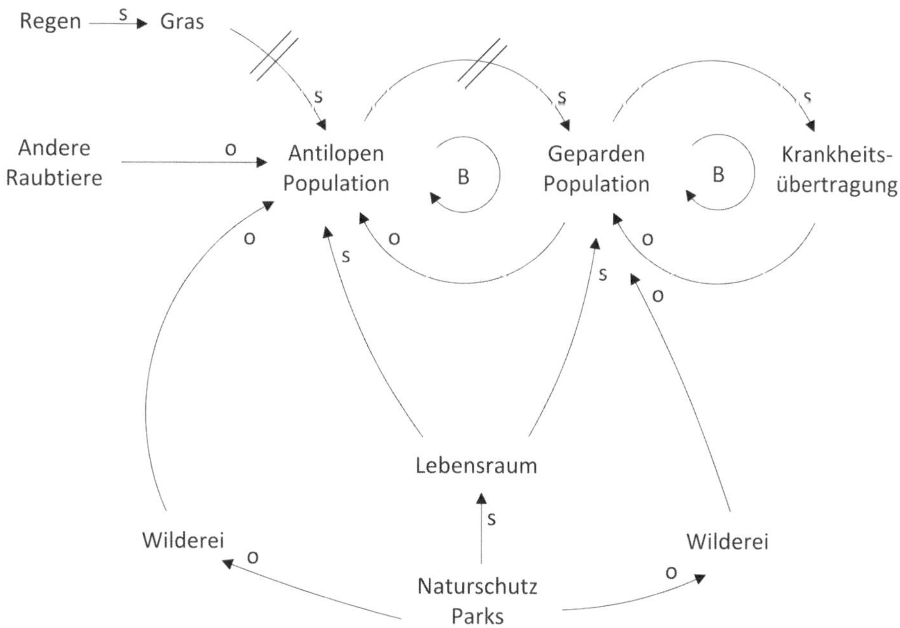

Abb. 6–9 *CLD-Beispiel*

Zu guter Letzt kommt noch die Variable »Lebensraum« ins Spiel, die genauso die Antilopenpopulation beeinflusst wie die anderen Variablen. In diesem Fall ist der Effekt der gleiche (s), also wenn der Lebensraum wächst, gibt es mehr Platz für die Antilopen und deren Population steigt oder das Ganze verläuft entgegengesetzt. Der Lebensraum, der natürlich die gleiche Wirkung auf die Geparden hat, wird abermals von Naturschutzparks beeinflusst. Auch hier ist es der gleiche Effekt (s), das heißt, wenn es mehr Naturschutzparks gibt, so gibt es auch mehr Lebensraum für die Tiere (Antilopen wie Geparden). Dass es ebenfalls eine Auswirkung auf andere Tiere hat, lasse ich in diesem CLD unberücksichtigt.

Zurück zu den Antilopen. Die Population der Antilopen hat, wie schon weiter oben beschrieben, einen verzögerten, gleichen (s) Effekt auf die Gepardenpopulation. Die Gepardenpopulation hat aber ebenso einen Effekt auf die Population der Antilopen, in diesem Fall aber einen Gegenteiligen (o), der nicht verzögert ist. Die Anzahl der gegenteiligen Effekte (o) zwischen Antilopen und Geparden ist 1, also hat man es hier mit einem »Balancing Loop« zu tun. Das Gleiche gilt für den Loop zwischen Gepardenpopulation und den Krankheitsübertragungen. Hier handelt es sich ebenfalls um einen »Balancing Loop«.

Auch dieses Beispiel ist natürlich ein stark vereinfachtes System, aber es zeigt sehr schön, wie ein CLD aussehen kann. Wie bei jedem System muss man irgendwo die Systemgrenzen festlegen und entscheiden, welche Variablen wichtig genug sind, um sie ins CLD aufzunehmen.

CLDs in Retrospektiven

Nachdem Sie CLDs kennengelernt haben, stellt sich natürlich die Frage, wie Sie diese in Retrospektiven anwenden können. Im Folgenden sehen Sie ein paar Beispiele aus einem Workshop. Die Aufgabe bestand darin herauszufinden, wie die Geschwindigkeit (in Scrum: »Velocity«) eines Teams gesteigert werden kann. Dazu haben die einzelnen Gruppen gemeinsam an einem CLD gearbeitet, um aufzuzeigen, wie sich die einzelnen Variablen gegenseitig beeinflussen.

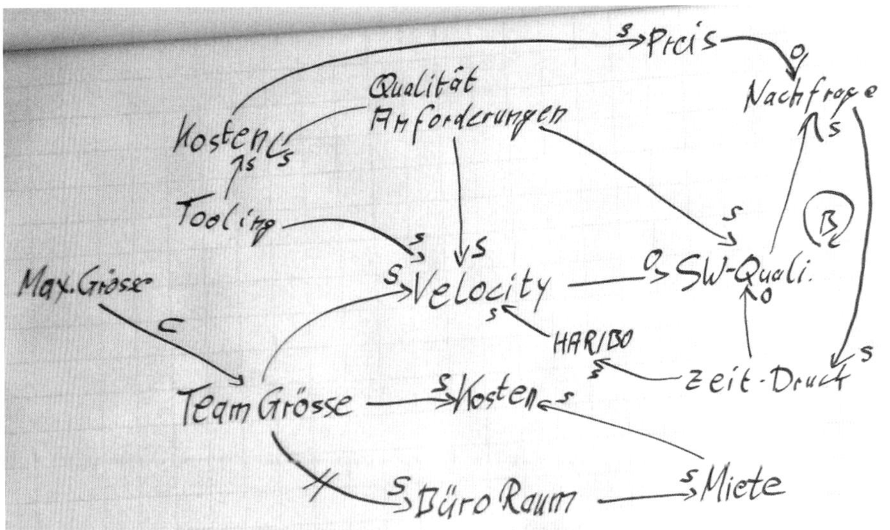

Abb. 6–10 *CLD 1 aus einem Workshop*

Im ersten Beispiel aus Abbildung 6–10 beeinflussen 4 Variablen direkt die Velocity:

1. Die Qualität der Anforderungen
2. Das Tooling, also die zur Verfügung stehenden Arbeitsmittel
3. Die Teamgröße
4. Gummibärchen

Alle diese Variablen haben laut diesem CLD den gleichen Effekt (s) auf die Velocity. Gibt es also mehr Gummibärchen für das Team, so steigt auch die Velocity. Diese Variablen, die die Velocity direkt beeinflussen, werden auf der anderen Seite wieder von zusätzlichen Systemvariablen beeinflusst, wie z.B. dem Constraint der maximalen Teamgröße (links) oder den Kosten.

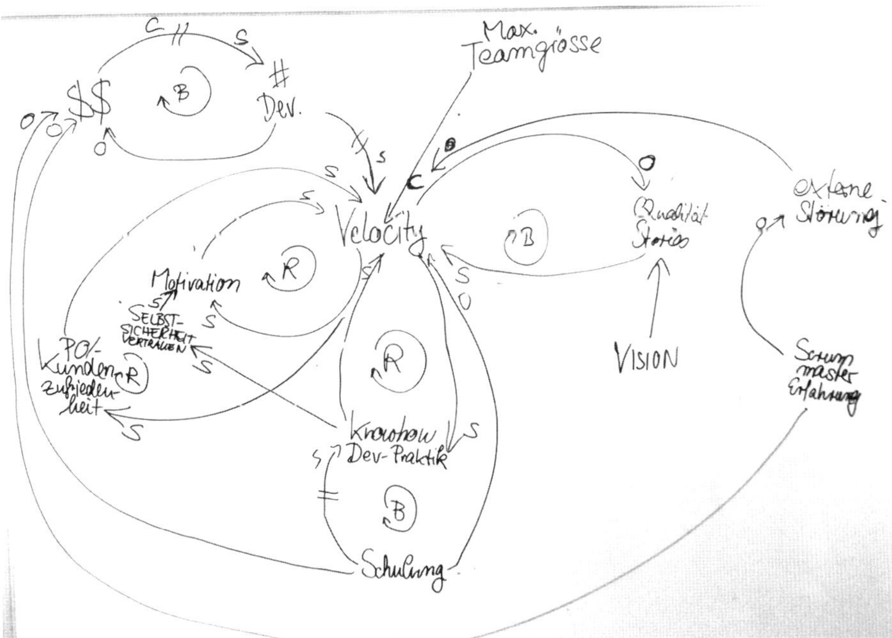

Abb. 6–11 *CLD 2 aus einem Workshop*

Im zweiten Beispiel aus Abbildung 6–11 beeinflussen 6 Variablen die Velocity:

1. Die Qualität der Stories (Anforderungen)
2. Die Teamgröße (# Dev = Anzahl Entwickler)
3. Das Know-how des Teams
4. Die Motivation des Teams
5. Externe Störungen
6. Kundenzufriedenheit

Ein paar der Variablen finden sich auch in CLD 1 wieder, es herrscht also ein gewisser Konsens. Aber auch hier werden die Variablen, die die Velocity beeinflussen, wiederum von weiteren Systemvariablen beeinflusst. Die Anzahl der Entwickler ist z.B. vom zur Verfügung stehenden Geld abhängig oder das »Know-how« des Teams von eventuellen Schulungen. Mithilfe des CLD haben die einzelnen Teams versucht, das System zu analysieren, in dem die Velocity eingebettet ist, und haben so ein besseres Verständnis dafür geschaffen, von welchen Faktoren diese beeinflusst wird.

Jetzt, wo Sie wissen, welche Elemente es in CLDs gibt und wie diese aufgebaut sind, können Sie diese auch in Retrospektiven einsetzen. Zwei Phasen sind dafür hervorragend geeignet:

1. Einsichten gewinnen
2. Nächste Experimente und Hypothesen definieren

In der Phase »Einsichten gewinnen« kann man das CLD verwenden, um besser zu verstehen, warum Dinge passiert sind, indem man sich die verschiedenen Variablen des Systems vor Augen führt. Aus meiner Sicht ist es aber in der Phase »Nächste Experimente und Hypothesen definieren« noch effektiver. Hier kann man es gezielt dafür einsetzen, um herauszuarbeiten, wie man ein möglichst erfolgversprechendes Experiment definieren kann, das am Ende auch tatsächlich die Hypothese erfüllt.

Praxistipp

Bewahren Sie Ihre erarbeiteten CLDs auf, um sie in der nächsten Retrospektive wieder verwenden zu können. Oft ergeben sich neue Erkenntnisse und Verbindungen, mit denen man das CLD erweitern kann. Sehen Sie Ihre CLDs als lebende Dokumentation.

Schauen Sie sich noch einmal das obige Beispiel mit der Velocity an. Nehmen wir an, dass das Team in der Retrospektive beschlossen hat, die Velocity in den nächsten Wochen und Monaten zu steigern. Nachdem es das dazu passende CLD erarbeitet hat, ist es jetzt für das Team viel einfacher zu beurteilen, welches der erfolgversprechendste Ansatz sein könnte. Wahrscheinlich sind auch Variablen aufgetaucht, an die das Team zu Beginn der Retrospektive noch gar nicht gedacht hat. Auch lässt sich jetzt besser beurteilen, ob es eventuell einen negativen Effekt gibt, der dem Team bisher entgangen ist. Kurzum, das Team kennt nicht nur die Summe der Möglichkeiten, sondern auch deren Effekt, wenn an ihnen gedreht wird.

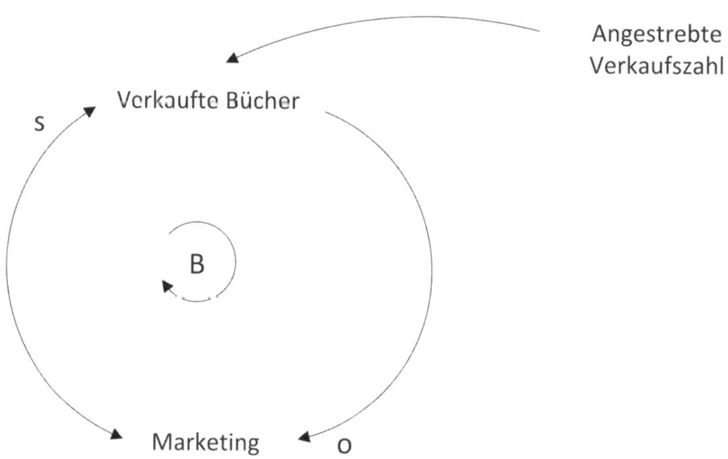

Abb. 6-12 *CLD zu Praxistipp Nr. 4*

Wenn ich mir jetzt die obigen CLDs ansehe, dann hat meiner Meinung nach vor allem eine Variable auf lange Sicht ein großes Potenzial, die Velocity steigern zu können: die Qualität der Anforderungen. Zum einen kommt diese in beiden CLDs vor, scheint also ein echtes Problem zu sein, und zum anderen scheint es keine

Nachteile zu geben, wenn man versucht, diesen Bereich zu verbessern. Wer schon mit Anforderungen zu tun hatte, weiß, dass das sicher kein einfaches Unterfangen sein wird, trotz allem sollte man sich mit diesem Thema beschäftigen.

Praxistipp

1. Für die Variablennamen immer Substantive verwenden. Verben oder Aktionen müssen vermieden werden, da diese bereits mit den Pfeilen abgebildet werden.
2. Man nimmt Variablen, die in irgendeiner Form quantitativ messbar sind. Es macht keinen Sinn, eine Variable mit dem Namen »Sachlage« zu haben. Wie soll die Sachlage sich erhöhen oder verringern? Es ist hingegen sinnvoll, »Motivation« als Variable zu verwenden, da Motivation besser und schlechter werden kann. Wie gut Motivation letztendlich messbar ist, ist eine andere Frage.
3. Man sollte immer sowohl an die beabsichtigten als auch die unbeabsichtigten Effekte denken. Wenn man z.B. den Durchfluss in der Produktion erhöht, hat man zwar eine erhöhte Produktivität (der beabsichtigte Effekt), aber gleichzeitig können auch Stress oder niedrigere Qualität die Folge sein (unbeabsichtigte Effekte). All diese Effekte müssen berücksichtigt werden.
4. Balancing Loops verfolgen immer ein Ziel. Dieses Ziel muss immer Teil des Loops sein. Indem man diese Ziele explizit in das CLD mit aufnimmt, macht man klar, was man erreichen möchte (siehe Abb. 6–12).
5. Wenn eine Verbindung zwischen zwei Variablen viel Erklärung bedarf, sollte man die Variablen entweder umbenennen oder einen Zwischenschritt einfügen. Nehmen Sie z.B. die Verbindung zwischen Nachfrage und Qualität in Abbildung 6–5. Hier könnte es die Frage geben, warum die Qualität denn unter der erhöhten Nachfrage leidet. Wenn man hier einen Zwischenschritt einfügt, der sich »Druck auf Mitarbeiter« nennt, wird klarer, warum die Qualität von der Nachfrage beeinflusst wird (siehe Abb. 6–13).

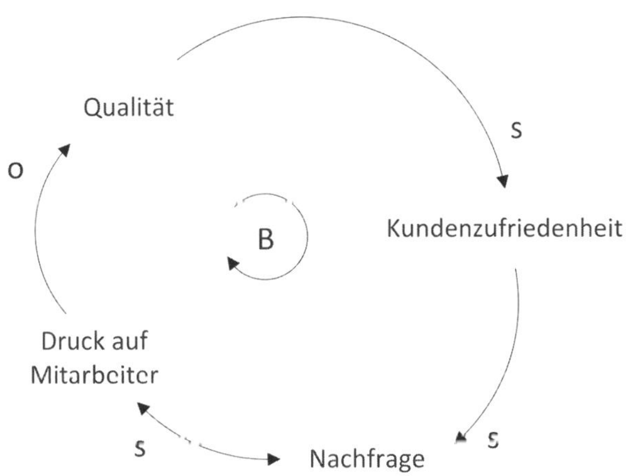

Abb. 6–13 CLD zu Praxistipp Nr. 5

Diese kurzen Tipps helfen dabei, bessere CLDs zu erstellen. Aber auch bei CLDs ist es wie bei allem anderen: Übung macht den Meister. Je mehr CLDs man erstellt, desto besser weiß man damit umzugehen und wie man verschiedene Dinge am besten darstellen kann.

6.2.2 Current Reality Tree

Der »Current Reality Tree« (CRT) ist ein Werkzeug, das vom leider schon verstorbenen Eliyahu M. Goldratt erfunden wurde. Es ist einer der Denkprozesse, der Teil der sogenannten »Theory of Constraints« ist, die ebenfalls von ihm stammt. Wenn Sie noch nie von Eliyahu M. Goldratt gehört haben und sich weiter mit dem Thema beschäftigen möchten, dann lege ich Ihnen sein Buch »Das Ziel: Ein Roman über Prozessoptimierung« [Goldratt 2013] ans Herz. Es ist ein sehr guter Einstieg in diese Materie. Aber zurück zum CRT.

Der CRT ist kein Baum im eigentlichen Sinne, sondern ein gerichteter Graph. Da dieser aber manchmal aussieht wie ein auf den Kopf gestellter Baum, hat man diesen Namen gewählt. Der CRT ist verwandt mit der bereits vorgestellten 5-Warum-Methode, setzt aber im Gegensatz dazu auf mehr als einen ungewollten Effekt als Basis für den Graphen. Außerdem macht er die Verbindungen und Abhängigkeiten in einem System besser sichtbar. Einen CRT erstellt man in 5 Schritten:

1. Ungewollte Effekte (UEs) sammeln und durchnummerieren, also alle Dinge, die in der aktuellen Situation negativ auffallen.
2. Überprüfen, ob alle UEs klar verständlich sind.
3. Kausale Zusammenhänge zwischen den verschiedenen UEs herstellen. Welcher UE ist die eventuelle Ursache oder das Ergebnis eines anderen UE.

Schematisch ist das in Abbildung 6–14 dargestellt. Ursache von UE 1 ist UE 3. UE 3 wiederum wird von UE 4 und UE 5 verursacht, deshalb die Ellipse, die beide Ursachen zusammenführt.

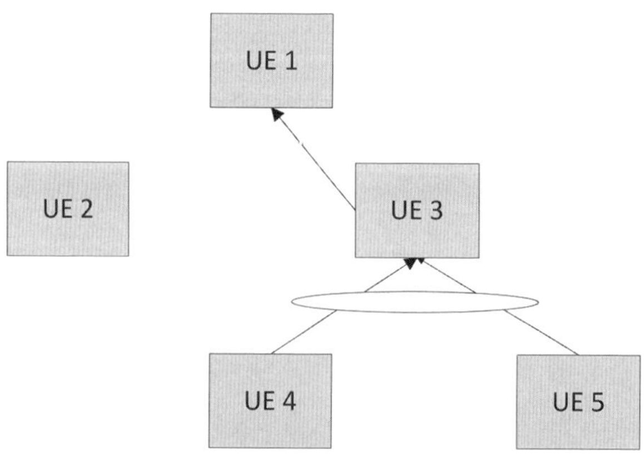

Abb. 6–14 *CRT nach Schritt 1–3*

UE 2 hat bisher noch keine Ursache zugewiesen bekommen, das passiert im 4. Schritt.

4. Ursachen für die verschiedenen UEs suchen (Warum?):
   a) Dies können auch mehrere Ursachen sein.
   b) Mit einer Ellipse stellt man »UND«-Verbindungen her.
5. Solange nach weiteren Ursachen und deren Ursachen suchen, bis man beim Kernproblem angelangt.

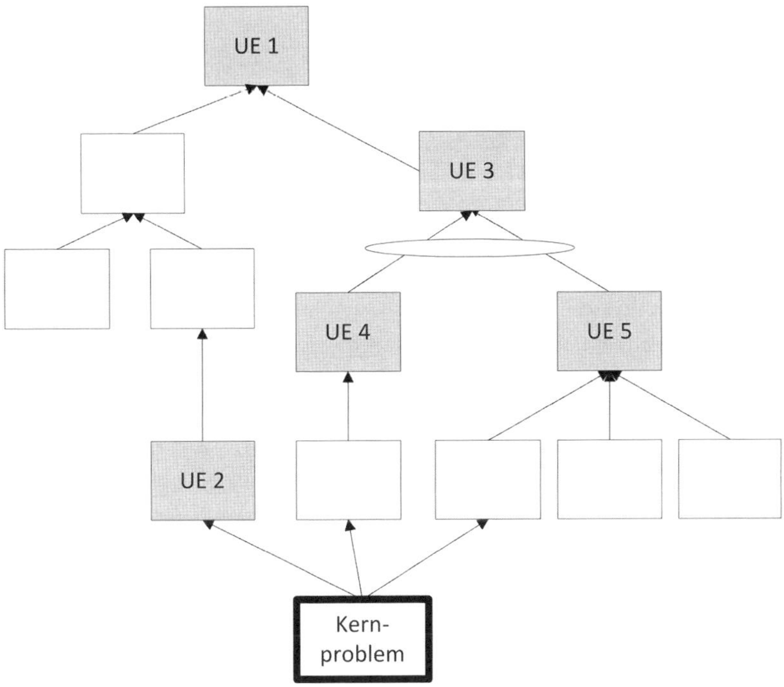

Abb. 6–15 *CLD nach Schritt 4–5*

In Abbildung 6–15 sieht man dann das finale CRT, natürlich nur schematisch. Die weißen Boxen stellen die erarbeiteten Ursachen dar. UE 2 hat sich schließlich weiter unten im CRT eingereiht. Ganz unten steht dann das eigentliche Problem (Kernproblem), das man als Nächstes angeht. Dazu folgendes Beispiel:

Nehmen wir einmal an, Sie haben die folgende Liste ungewollter Effekte (UEs):

1. Die Velocity ist zu niedrig.
2. Die Qualität der Software ist schlecht.
3. Der Kunde ist unzufrieden.
4. Entwickler kündigen in Scharen.

Wenn Sie jetzt diese UEs nehmen und die oben genannten Schritten 1–3 durchführen, sieht das CRT wie in Abbildung 6–16 aus. Die Ursachen für den unzufriedenen Kunden liegen unter anderem an UE 1 und UE 2, also an der niedrigen Velocity und an der schlechten Softwarequalität.

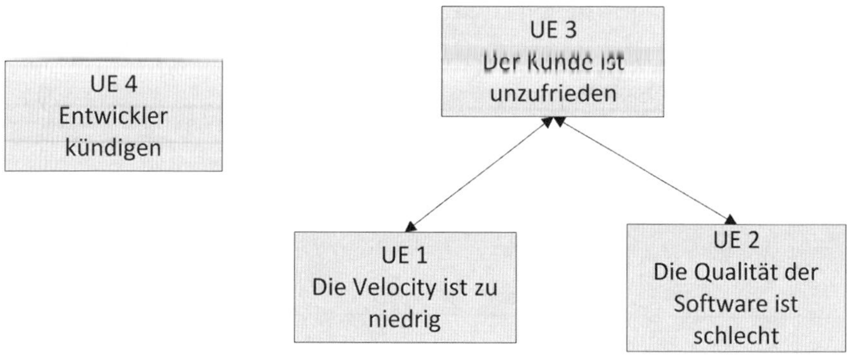

Abb. 6–16 *CRT Beispiel nach den Schritten 1–3*

UE 4 (Entwickler kündigen) konnte bisher noch nicht in das Diagramm eingebunden werden, da die anderen UEs nicht als direkte Ursache ausgemacht werden konnten. Um diese Ursachen zu finden, führt man die oben beschriebenen Schritte 4–5 durch.

Das Ergebnis kann man in Abbildung 6–17 sehen. Zu den vier UEs sind insgesamt neun weitere Ursachen dazu gekommen. Die UE 4 (unsere Entwickler) haben es an die Spitze des CRT geschafft. Laut dem CRT sind die Ursachen für viele Entwickler, die das Unternehmen verlassen, der erhöhte Druck auf die Entwickler und die fehlenden Weiterbildungsmöglichkeiten (rechts unten), das auch eines der Hauptprobleme ist. Die Ursache für den erhöhten Druck sind hauptsächlich die unzufriedenen Kunden. Für diesen Druck gibt es laut CRT drei Gründe: zum einen die bereits identifizierten UE 1 und UE 2, zum anderen die fehlende Einbindung des Kunden. Der Kunde fühlt sich von unserer Firma vernachlässigt. Das liegt hauptsächlich daran, dass man so gut wie keinen Kontakt zu seinen Kunden pflegt. Diesen fehlenden Kontakt zum Kunden hat man als einen weiteren Hauptgrund für das ganze Dilemma identifiziert.

Schauen Sie sich jetzt UE 1 an, die niedrige Velocity. Dies liegt vor allem an der schlechten Qualität der Anforderungen, die wiederum eine Folge des fehlenden Kontakts zum Kunden ist. Zusätzlich hat man die Ursache identifiziert, dass man beim Bau der Software ständig Probleme hat und nur selten in der Lage ist, eine stabile Version zu erstellen. Dies liegt sowohl an den fehlenden automatisierten Tests als auch an der fehlenden Integrationsumgebung, um diese Tests auszuführen und die Software in regelmäßigen Abständen automatisch zu bauen. Diese fehlende Integrationsumgebung ist ein weiterer identifizierter Hauptgrund für die Probleme.

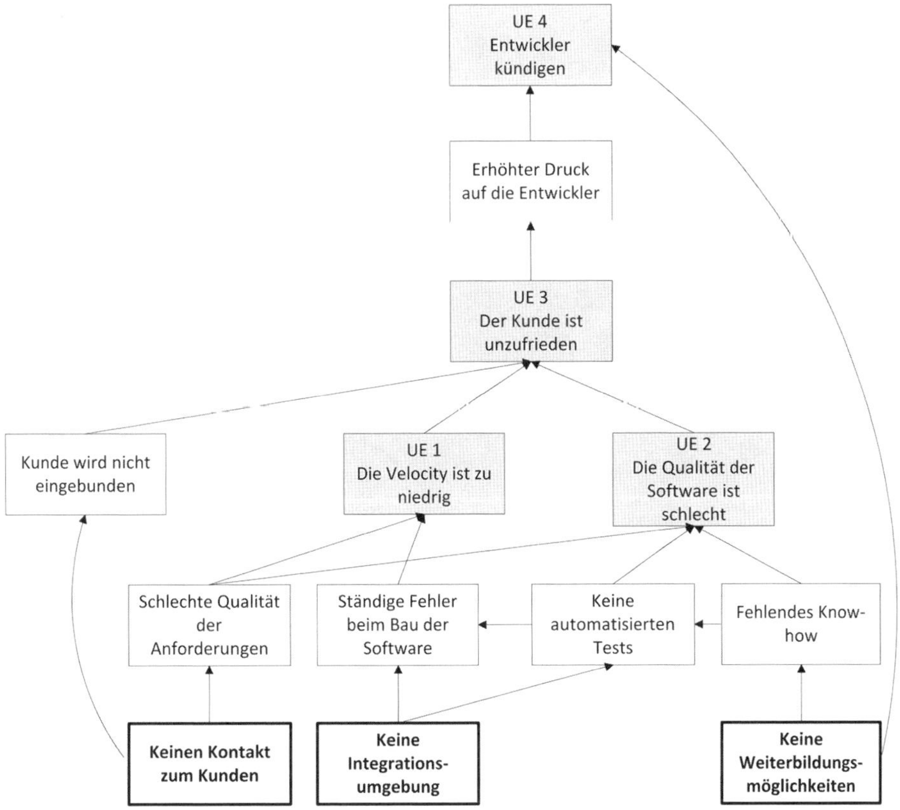

Abb. 6–17 *CRT-Beispiel nach den Schritten 4–5*

Sehen Sie sich zu guter Letzt noch UE 2 an, die schlechte Qualität der Software. Diese hat drei Hauptursachen: Die schlechte Qualität der Anforderungen, die fehlenden automatisierten Tests und das fehlende Know-how der Mitarbeiter. Jede dieser Ursachen geht im Endeffekt wieder zurück auf die drei identifizierten Hauptursachen:

1. Keinen Kontakt zum Kunden
2. Keine Integrationsumgebung
3. Keine Weiterbildungsmöglichkeiten

Diese Hauptursachen sind am Ende die Ansatzpunkte für das weitere Vorgehen im Unternehmen. Wie man sehen kann, ist ein CRT ein sehr mächtiges Werkzeug, um eine Situation zu analysieren und mögliche Ansatzpunkte für Lösungen zu finden. Deshalb ist es auch hervorragend für Retrospektiven geeignet.

Praxistipp

Für das Erstellen von CRTs gibt es bereits spezielle Software, man kann aber z.B. auch Microsoft Visio dafür einsetzen. Ich rate allerdings dazu, CRTs im Team zu erarbeiten, und in diesem Fall ist es effektiver, dies mit der Hilfe von Post-its und einem Whiteboard zu tun. Auf die Post-its kommen die UEs und andere Ursachen und diese werden dann mit Linien auf dem Whiteboard miteinander verbunden (siehe Abb. 6–18). Der Vorteil dieser Kombination besteht darin, dass sich Post-its sehr einfach verschieben lassen (und das wird mehr als einmal passieren) und eine Linie ist auf einem Whiteboard auch schnell neu gezeichnet. So kann man kollaborativ an einem CRT arbeiten und gemeinsam die Zusammenhänge diskutieren.

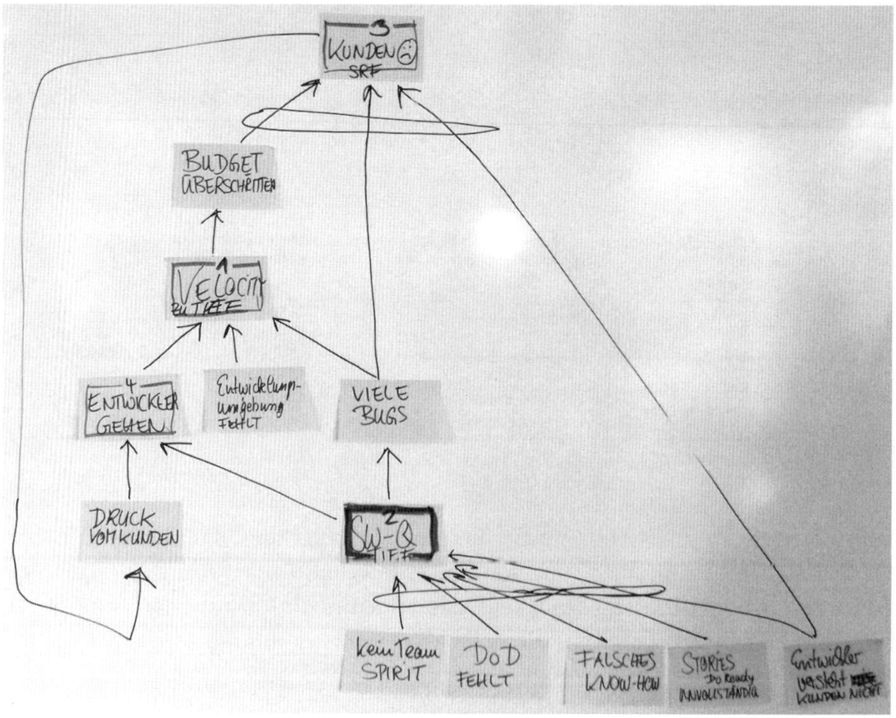

Abb. 6–18 *CRT auf einem Whiteboard mit Post-its*

CRTs lassen sich sehr gut in der Phase »Einsichten gewinnen« in Retrospektiven einsetzen. Meiner Meinung nach sind sie ein idealer Ersatz für die 5-Warum-Fragetechnik und besonders dann effektiv, wenn man mit anderen Methoden nicht mehr weiterkommt. Ein CRT liefert genau die richtigen Ansatzpunkte, die man in den weiteren Phasen einer Retrospektive verwenden kann. Zusätzlich wird sich das Team des Systems bewusst, in dem es arbeitet, und eröffnet häufig völlig neue Optionen und Ideen, wie man mit einer gegebenen Situation umgehen kann.

6.2.3 Grenzen des systemischen Denkens

Systemisches Denken an sich ist eine relativ junge Disziplin. Sie wurde in den 1980er-Jahren entwickelt und vor allem durch das Buch »The Fifth Disciplin« von Peter Senge [Senge 2006] populär. Wie schon oben beschrieben, ist es eine spezielle Denkweise, um Probleme zu lösen. Systemdenken hat vor allem bei der Analyse von problematischen Systemen seinen Beitrag geleistet und fokussiert weniger auf problematische Menschen. Und genau hier liegt die größte Schwäche dieses Denkansatzes.

Das Untersuchen der Komplexität in sozialen Systemen wird soziale Komplexität genannt. Im traditionellen Systemdenken wird aber oft ignoriert, dass man soziales Verhalten nicht realistisch analysieren und anpassen kann [Snowden 2005]. Die Kritiker bemängeln am systemischen Denken, dass das Simulieren von Organisationen mit vereinfachten Modellen oder das Zeichnen von Teams und Menschen mit Kreisen und Pfeilen dem Management vorgaukelt, dass sie ihre Organisation auf diese Weise analysieren, modifizieren und am Ende in die richtige Richtung lenken können. Systemdenken berücksichtigt nicht lineares Verhalten, aber hält trotz allem an der Idee fest, dass das obere Management irgendwie die »richtige« Art von Organisationen kreieren kann, die die »richtige« Art von Ergebnissen liefert [Appelo 2011b, S. 49]. Das 21. Jahrhundert gilt als das Jahrhundert der Komplexität. Es ist das Jahrhundert, in dem Manager realisieren, dass sie verstehen müssen, wie Dinge wachsen, und nicht, wie sie gebaut sind, um soziale Komplexität beeinflussen zu können [Appelo 2011b, S. 49].

In unserer Arbeitswelt hat man es in den meisten Fällen mit komplexen, adaptiven Systemen zu tun, also mit Teams, die aus miteinander agierenden Teilen (meist Personen) bestehen, die die Möglichkeiten haben, sich ihrer Umgebung anzupassen und aus ihren Erfahrungen zu lernen. Selbst in einem kleinen Team, bei dem sich die einzelnen Teammitglieder recht gut kennen, lässt sich nie mit 100%iger Sicherheit sagen, wie dieses System auf Reize von innen und außen reagieren wird. Ich kenne meine Frau jetzt schon recht lange und trotzdem überrascht sie mich noch heute. Sobald Menschen und deren soziale Interaktionen in einem System berücksichtigt werden müssen, wird es schwierig, dieses mit reinem systemischem Denken zu erfassen. Ein CLD oder CRT zu erstellen, in denen diese soziale Komplexität abgebildet wird, ist nur schwer möglich.

Trotz all dieser Argumente bin ich der Meinung, dass Systemdenken und die dazugehörigen Werkzeuge sehr nützlich sind. Häufig eröffnen sie völlig neue Sichtweisen auf das System, aus denen neue Möglichkeiten entstehen können. Sie geben Anhaltspunkte, welche Variablen in einem System vorhanden sind, und helfen dabei, neue Experimente zu definieren. Und hier ist das Wort »Experimente« der Angelpunkt. Man muss sich jederzeit im Klaren darüber sein, dass man mit einem CLD oder CRT die Realität nur ungenügend abbilden kann. Deshalb können alle Maßnahmen, die auf der Basis dieser Werkzeuge ergriffen werden, immer nur Experimente sein. Das ist einer der Gründe, warum ich die Phase

»Nächste Experimente und Hypothesen definieren« genau so benannt habe. Und das ist auch der Grund, warum ich den Einsatz von Hypothesen so wichtig finde. Den Effekt, den die Interaktionen mit dem System, unserer Organisation, hervorrufen, kann man nie mit 100%iger Sicherheit vorhersehen, selbst wenn das CLD noch so komplex ist. Am Ende ist alles ein Experiment, um die Hypothese zu überprüfen, die man sich erarbeitet hat. Entscheidend ist, dass man seine Hypothesen in regelmäßigen Abständen überprüft, dann ist man auf einem guten Weg. Wenn man das im Hinterkopf behält, dann hat Systemdenken durchaus seine Berechtigung.

Selbstverständlich gibt es auch einen speziellen Denkansatz, der die oben genannten Schwächen des systemischen Denkens berücksichtigt: Komplexitätsdenken.

6.3 Komplexitätsdenken

Auch beim Thema Komplexitätsdenken gibt es keine einheitliche Definition. Ich verstehe Komplexitätsdenken als eine erweiterte Form des Systemdenkens, bei dem auch die soziale Komplexität mit betrachtet wird. Im Komplexitätsdenken ist man der Meinung, dass Systeme, in denen soziale Beziehungen eine Rolle spielen, nicht steuerbar sind. Man hat erkannt, dass man nicht einfach ein Team konstruieren kann und es dann genau das macht, was man sich vorher in Modellen und Plänen ausgedacht hat. Stattdessen kann man ein solches System nur mit Experimenten beeinflussen und dann beobachten, wie es sich verhält. Ich spreche hier immer gern vom Tanz mit dem System. Man macht einen Schritt mit dem System, lässt das System antworten und macht dann den nächsten Schritt. Manchmal haben kleine, lokale Veränderungen einen riesigen Effekt auf die gesamte Organisation (der sogenannte Schmetterlingseffekt) und manchmal haben scheinbar große Veränderungen gar keine Auswirkung. Ursache und Wirkung lassen sich also nicht immer erkennen. Lösungen, die in einem Unternehmen hervorragend funktioniert haben, können in anderen zu katastrophalen Situationen führen. Lösungen lassen sich nie eins zu eins auf andere Organisationen übertragen.

Kurz gesagt, die Vorhersehbarkeit in komplexen Systemen ist oft nur selten gegeben. Planungswerkzeuge, die in der Vergangenheit gut funktioniert haben, sind in unserer heutigen Welt oft nur noch bedingt einsetzbar. Umso wichtiger ist es, seine Organisation so aufzustellen, dass man für diese komplexe Umgebung besser aufgestellt ist und flexibler darauf reagieren kann.

6.3.1 Martie – das Management-3.0-Modell

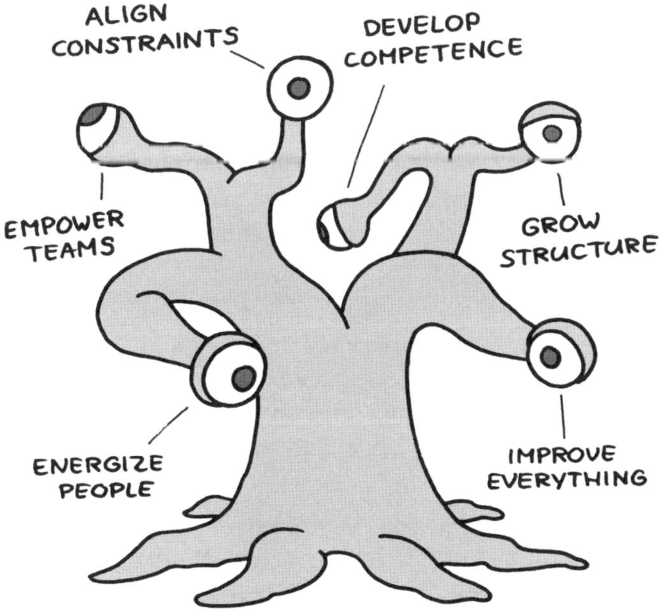

Abb. 6–19 Martie – das Management-3.0-Modell[1] (Jurgen Appelo)

In seinem Buch »Management 3.0« [Appelo 2011b] erläutert Jurgen Appelo ein Modell, das in komplexen Systemen helfen soll. Das Modell beschreibt sechs verschiedene Sichten auf Organisationen und schlägt verschiedene Techniken vor, um eine wachsende, selbstorganisierende und anpassbare Organisation zu gestalten.

- Energize People:
  Die Personen in einem Netzwerk sind diejenigen, die als Einzige in der Lage sind, sich automatisch an eine Situation anzupassen. Deshalb muss man eine motivierende Umgebung schaffen, in denen die Personen in einem System ihr Bestes geben können.
- Empower Teams:
  Selbstorganisation kann nur funktionieren, wenn Teams die Befugnisse und Macht haben, Entscheidungen zu treffen. Deshalb ist es wichtig, diese Macht vom Management nach unten zu delegieren, zu den Personen, die in den meisten Fällen am besten wissen, wie man ein Problem löst. Schließlich haben sie den ganzen Tag genau damit zu tun.

1. Quelle: *http://www.flickr.com/photos/jurgenappelo/5201948248/in/set-72157625328824303* mit freundlicher Genehmigung von Jurgen Appelo.

- **Align Constraints:**
  Natürlich will man kein System, in dem jeder macht, was er will, und das sich in beliebige Richtungen bewegen kann. Deshalb ist es wichtig, klare Grenzen zu setzen und eine Vision zu entwickeln, mit der sich alle identifizieren können und die Energien freisetzt.
- **Develop Competence:**
  Gute Organisationen leben von guten Teams und somit am Ende von bestens ausgebildeten Leuten. Deshalb ist es wichtig, darauf zu achten, dass sich die einzelnen Personen in einer Organisation weiterentwickeln und Kompetenzen aufbauen.
- **Grow Structure:**
  Damit eine Organisation wachsen kann, müssen die richtigen Strukturen vorhanden sein. Deshalb ist es wichtig, die Strukturen in einer Organisation so flexibel wie möglich zu gestalten. Nur so kann eine Organisation wachsen, ohne ein Opfer seiner eigenen Strukturen zu werden.
- **Improve Everything:**
  Hier spricht man auch gerne von einer sogenannten Kaizen-Kultur, einer Kultur, bei der die kontinuierliche Verbesserung im Vordergrund steht. Nur wenn man sich ständig verbessert, kann man auch in der Zukunft bestehen.

Aber wie George E. P. Box so schön sagt: »Alle Modelle sind falsch, aber manche sind nützlich.« Und dieses Modell ist so nützlich, dass man es hervorragend in Retrospektiven einsetzen kann.

Wie das ABIDE-Modell, das Sie gleich noch kennenlernen werden, zeigt es verschiedene Bereiche auf, die man durch gezielte Experimente beeinflussen kann. Man kann Retrospektiven auf Teamlevel mithilfe dieses Modells durchführen, aber sein wahres Potenzial spielt es auf der Managementebene aus. Eine Retrospektive, basierend auf dem Management-3.0-Modell, könnte wie folgt aussehen:

Den Boden bereiten

In dieser Phase stellt man Martie vor und erklärt kurz, was es mit den sechs verschiedenen Sichten auf sich hat. Dann entscheidet man sich für eine der sechs Sichten, z.B. »Energize People«.

Daten sammeln

In einer Brainstorming-Runde werden all die Dinge gesammelt, welche:

- die Teammitglieder daran hindern, ihre Arbeit zu machen.
- sich demotivierend auf das Team oder einzelne Personen auswirken.
- die Kreativität einschränken.
- die Transparenz in einer Organisation reduzieren.
- die Diversität eines Teams reduzieren.
- usw.

Kurz gesagt, all die Dinge, die verhindern eine gesunde, motivierende und inspirierende Atmosphäre zu schaffen, in der man einfach Lust hat, sich voll einzubringen.

Einsichten gewinnen

Jetzt geht es darum herauszufinden, warum diese Dinge existieren und was deren Ursache ist. Nur wenn ich verstehe, warum etwas so ist, wie es ist, kann ich effektiv nach neuen Wegen suchen. Manchmal sind es Dinge, die einfach schon immer so waren, aber noch nie infrage gestellt worden sind. Wenn man die ursprünglichen Gründe für die oben genannten Gründe kennt, hat man später die Möglichkeit aufzuzeigen, dass sie eventuell nicht mehr nötig sind. So schaffe ich die Basis für die nächste Phase.

Experimente und Hypothesen definieren

Wie kann ich die am Anfang gesammelten Hindernisse beseitigen? Was muss ich z.B. tun, um mehr Transparenz zu schaffen? Welche Experimente kann ich durchführen, um dem System Energie zuzuführen. Auf der Basis der gesammelten Einsichten kann ich Experimente und deren Hypothese gezielt erarbeiten und gemeinsam beschließen. Welchen Effekt sie am Ende haben und ob dieser tatsächlich positiv ist, erfährt man spätestens in der nächsten Retrospektive.

Abschluss

Am Ende der Retrospektive sollte man sich fragen, ob das Management-3.0-Modell den Nutzen gebracht hat, den man sich anfangs erhofft hat. Wenn man mit den Ergebnissen zufrieden war, kann man hier auch festlegen, mit welcher der sechs Sichten man sich in der nächsten Retrospektive beschäftigen möchte.

6.3.2 Das ABIDE-Modell

In komplexen Systemen ist man ständig dabei, das System zu überprüfen und anzupassen. Aber an welchen Schrauben und Rädchen kann ich drehen, um das System zu beeinflussen? Welche Hebel gibt es, die ich bewegen kann? Welche Parameter sind mir bisher noch nicht aufgefallen? Um diese Parameter zu identifizieren, wurde das ABIDE-Modell entwickelt.

Das Modell wurde von David Snowden entwickelt und ist ein Akronym der Dinge, die in einem komplexen System beeinflusst werden können. David Snowden ist ein Experte im Feld der Komplexitätstheorie und deren praktischer Anwendung in Organisationen. Unter anderem hat er das weiter vorne beschriebene Cynefin-Modell entwickelt [Wikipedia 08]. Das Akronym ABIDE steht für:

- Attractors (Dinge, Ideen oder Personen, auf die das System positiv anspricht)
- Barriers (Definieren die Systemgrenzen)

- Identity (Die Rollen und Zuständigkeiten in dem System)
- Diversity (Die Unterschiede der einzelnen Mitglieder in dem System)
- Environment (Die Systemumgebung)

Attractors (Attraktoren)

Attraktoren sind Dinge, Ideen oder Personen, die für andere attraktiv sind und durch die sie angezogen werden. Indem man verändert, was die Personen in einem System als attraktiv empfinden, kann man die Dynamiken des Systems selbst beeinflussen. Hier ein paar Beispiele für Attraktoren:

- Eine bekannte Person von außerhalb der Organisation, die über eine neue Idee spricht. Dadurch dass die Person bekannt ist, wird eine neue Idee automatisch attraktiver.
- Ein Preis, der gewonnen werden kann, wenn man ein Ziel erreicht.
- Eine neue attraktive Position im Unternehmen
- Eine gut ausgearbeitete Produktvision
- Anerkennung von anderen Teammitgliedern

Der Fantasie sind hier keine Grenzen gesetzt. Es geht hier auch nicht zwingend um bereits bestehende Attraktoren, sondern man kann auch neue Attraktoren definieren oder bereits bestehende Dinge attraktiver gestalten.

Barriers (Barrieren)

Die Barrieren definieren die Ränder des Systems und somit auch wer Teil des Systems ist oder außerhalb des Systems steht. Verschiebt man Barrieren, so ändert man auch die Systemzugehörigkeiten und somit wiederum die Dynamiken des Systems. Hier ein paar Beispiele für Barrieren:

- Die Zeit, die man für eine Aufgabe zugewiesen bekommen hat.
- Die physikalische Barriere einer Wand zwischen zwei Teamräumen
- Die Definition des Projektteams. Wer ist Teil des Teams und wer nicht?
- Die Person in der Mitte, die verhindert, dass ich direkten Kontakt mit einer anderen Person aufnehmen kann.

Es gibt also sowohl physikalische Barrieren als auch Barrieren, die durch Firmen- oder Projektstrukturen verursacht werden. Barrieren lassen sich in den meisten Fällen verschieben, entfernen und manchmal auch hinzufügen. Jede Barriere beeinflusst am Ende wieder das System und die Agenten, die in diesem System interagieren.

Identity (Identität)

Mit Identität sind die Rollen und Verantwortlichkeiten in einem System gemeint. Ändert man die Rolle einer Person und somit seine Identität, so ändert man gleichzeitig die Identität des Teams, dessen Teil die Person ist. Ein Mensch kann mehrere Identitäten haben und nur der Kontext bestimmt, welche Identität dominiert. Hier ein paar Beispiele für Identitäten:

- Die Identität einer Gruppe. Gibt man ihr z.B. mehr Verantwortung, so ändert sich deren Identität.
- Die Identität einer Person, die ebenfalls durch Hinzufügen oder Wegnehmen von Verantwortlichkeiten verandert werden kann.

Identitäten sind immer in irgendeiner Form personengebunden. Es gibt vielfältige Methoden, die Identität einer Person zu beeinflussen und somit das Verhalten des Systems zu verändern.

Diversity (Diversität)

Diversität ist ein breiter Begriff. Hier geht es nicht nur um unterschiedliche Geschlechter, sondern vor allem um unterschiedliche Kulturen, Meinungen und Verhaltensweisen. Damit sich ein Team selbst organisieren kann, ist ein gewisser Grad von Diversität notwendig. Homogene Gruppen sind nur in seltenen Fällen innovativ, da es für Innovationen den konstruktiven Dialog andersdenkender Menschen braucht. Auf der anderen Seite kann zu viel Diversität dazu führen, dass das Konfliktpotenzial zu groß ist und die Gruppe nur schwer zueinander findet, geschweige denn produktiv zusammenarbeitet. Hier ein paar Beispiele für Diversität:

- Verschiedene Kulturen
- Menschen mit verschiedenen Erfahrungen, z.B. in kleinen und großen Firmen
- Verschiedene Charaktere
- Technische Expertise

Auch das Verändern der Diversität eines Systems führt schlussendlich zu einer anderen Dynamik. Man kann die Diversität verringern oder steigern, um einen Effekt zu erzielen.

Environment (Umgebung)

Die Umgebung eines Systems kann physikalischer oder kultureller Natur sein. Sie geht von der Einrichtung des Arbeitsplatzes mit moderner Hardware bis hin zur Kultur in einem Unternehmen. Hier ein paar Beispiele:

- Die Arbeitsumgebung, z.B. Pflanzen, die räumliche Gestaltung des Büros (kleine Büros oder Großraumbüros) oder schlicht die technische Ausstattung
- Die Kultur einer Organisation. Ist sie eher konservativ oder liberal? Wie transparent sind Unternehmensentscheidungen? Gibt es flexible Arbeitszeiten oder die Möglichkeit, im Home-Office zu arbeiten?

Jede Änderung an der Umgebung hat einen Einfluss auf das System und lässt dieses anders reagieren. Auch bei der Umgebung sind die Möglichkeiten der Veränderung mannigfaltig.

Das ABIDE-Modell eignet sich hervorragend für den Einsatz in einer Retrospektive. Gerade wenn man nicht mehr weiterkommt und einem die Ideen auszugehen scheinen, kann das ABIDE-Modell dabei helfen neue Möglichkeiten zu entdecken, um Experimente zu starten.

Praxistipp

Am besten setzt man das ABIDE-Modell bereits in der Phase »Einsichten gewinnen« ein, um die möglichen Ursachen für Probleme zu finden. In der Phase »Neue Experimente und Hypothesen definieren« kann man es dann verwenden, um nach neuen Ansatzpunkten zu suchen, an denen man das System beeinflussen kann.

Beim Einsatz des ABIDE-Modells geht man am besten wie folgt vor:

1. ABIDE-Modell mit seinen fünf Elementen vorstellen. Dabei nennt man für jedes Element ein paar Beispiele.
2. Gruppen mit 3–5 Leuten bilden (maximal 5 Gruppen).
3. Für jedes Element stellt man eine Seite Flipchartpapier bereit, die im Raum verteilt aufgehängt werden. Wenn man genug Flipcharts hat, lässt man die Blätter auf dem Flipchart.
4. Die Gruppen stellen sich jeweils vor ein Element, z.B. Barrieren.
5. Jetzt bekommen die Gruppen 2 Minuten, um das jeweilige Flipchart mit ihren Ideen zu dem jeweiligen Element zu füllen.
6. Nach den 2 Minuten wechseln die Gruppen zum jeweils nächsten Element und wiederholen Schritt 5.
7. Nach fünf Runden endet das Brainstorming.

So erhält man fünf Listen mit den gesammelten Einträgen der Gruppen, die als Basis für den Rest der Retrospektive dienen. Die Einträge können jetzt sowohl als mögliche Ursachen in der Phase »Einsichten gewinnen« benutzt werden als auch als Ideengeber für neue Experimente in der Phase »Neue Experimente und Hypothesen definieren«. Man bewahrt diese Listen nach der Retrospektive auf, damit man sie in den nächsten Retrospektiven wiederverwenden kann.

7 Lösungsorientierte Retrospektiven

Veronika Kotrba MC und Dr. Ralph Miarka MSc

7.1 *Retro*spektiven? Wir schauen nach vorne!

Das Ziel der meisten Retrospektiven ist es, innerhalb einer Gruppe gemeinsam nach Veränderungen für eine bessere Zukunft zu suchen. Trotzdem wird unserer Erfahrung nach häufig in Retrospektiven viel Zeit darauf verwendet, über die »schlechte« Vergangenheit zu diskutieren. Dies führt dann oft dazu, dass Teilnehmer nicht ausreichend über die gewünschte Zukunft sprechen. Dadurch entsteht dann der Eindruck, dass in der Retrospektive keine nennenswerten Fortschritte erzielt wurden. Als Folge davon berichten Teilnehmende solcher Retrospektiven immer wieder von Frustration und Demotivation.

Der *lösungsorientierte* (auch *lösungsfokussierte*) *Ansatz* nach Steve de Shazer und Insoo Kim Berg fokussiert hingegen auf die »bessere« Zukunft. Aus unserer Sicht bietet er einen alternativen und wirksamen Weg für die Durchführung von Retrospektiven.

In diesem Abschnitt werden wir Haltungen, Prinzipien und Werkzeuge der *lösungsorientierten Beratung* vorstellen und zeigen, wie wir diese in Retrospektiven eingesetzt haben. Dazu verwenden auch wir, wie Derby und Larsen [Derby & Larsen 2006], fünf Schritte und nennen sie:

1. Eröffnen
2. Ziel setzen
3. Sinn finden
4. Handlungen initiieren
5. Ergebnisse prüfen

Dieses Vorgehen verzichtet weitgehend auf die Analyse von Problemen und richtet den Blick stattdessen auf eine bessere Zukunft voller Lösungen, die gemeinschaftlich erzeugt werden kann.

Zusätzlich zur *Lösungsorientierung* kommen Erkenntnisse aus der Sinn-Lehre nach Frankl [Frankl 1998] und der Positiven Psychologie nach Fredrickson [Fredrickson 2009] und Losada [Losada & Heaphy 2004] in den beschriebenen *lösungsorientierten Retrospektiven* zur Anwendung.

7.2 Der lösungsorientierte *Ansatz*

Der *lösungsorientierte Ansatz* [Shazer 2010] kommt aus der Familientherapie und wurde in den 70er-Jahren von einem Forschungsteam rund um das Ehepaar Steve de Shazer und Insoo Kim Berg entwickelt. Sie hatten ein Institut in Milwaukee (USA) – das Brief Family Therapy Center (BFTC) –, wo sie mit ihren Klienten arbeiteten. Dabei haben sie beobachtet, dass manche ihrer Klienten es schneller schafften, realistisch umsetzbare Ideen zu entwickeln, damit es ihnen besser geht, als andere. Die Behandlungsdauer dieser Patienten war daher auch wesentlich kürzer als die jener, die sich beim Finden von Lösungsansätzen schwerer taten. Das Interesse daran, was diese Personen konkret anders machten, lenkte die Beobachtungen der Forscher. Was sie dabei herausfanden, bildete später die Basis der *lösungsorientierten Kurzzeittherapie*.

Einige der für uns wichtigsten Grundsätze der *lösungsorientierten Arbeit* stellen wir Ihnen hier vor.

Problemsprache schafft Probleme – Lösungssprache schafft Lösungen[1]

Das wichtigste Instrument in der *lösungsorientierten Arbeit* ist die Sprache. Sprache schafft Wirklichkeit und Veränderung. Das heißt, je genauer Sie eine Situation schildern, desto mehr ist es fast so, als wären Sie gerade mitten drin in dieser beschriebenen Situation.

Wenn Sie von einem schlimmen Ereignis aus der Vergangenheit berichten und in möglichst allen Details genau ausführen, wie das denn damals gewesen ist, fangen Sie an, sich auch körperlich wieder genauso wie damals zu fühlen. Ihre Körperreaktionen sind dann auch ähnlich, wie sie damals gewesen sind. Sie haben den Eindruck, dasselbe Erlebnis noch einmal zu durchleben.

Das funktioniert praktischerweise auch für die Zukunft. Je genauer Sie das Bild Ihrer erwünschten Zukunft skizzieren, desto besser fühlen Sie auch in Ihrem Körper, wie es Ihnen dort ergehen wird. Dieses Gefühl zieht Sie dann regelrecht – wie ein Magnet – in die Richtung Ihres Ziels. Erst, wer formulieren kann, wie das Ziel (die erwünschte Zukunft) genau aussehen soll, wird auch einen Weg dahin finden und es schließlich erreichen.

Praxistipp

Diese genaue Beschreibung des erwünschten Ziels können wir zum Beispiel durch die folgenden Fragen unterstützen:

- Was ist dein Ziel? Was möchtest du erreichen?
- Woran wirst du erkennen, dass du dein Ziel erreicht hast? Was ist dann anders? Und was noch?
- Was wirst du anders tun, wenn du dein Ziel erreicht hast?

→

1. [Wikipedia 05]

- Woran werden andere erkennen, dass du dein Ziel erreicht hast?
- Wie werden sie auf diese Veränderung reagieren?
- Was bedeuten diese Reaktionen der anderen für dich?

Aus der Erkenntnis, dass Sprache Wirklichkeit schafft, ergibt sich ein anderer, aus unserer Sicht wichtiger Grundsatz des *lösungsorientierten Ansatzes*: Wir legen den Fokus auf die bessere Zukunft!

Steve de Shazer ging davon aus, dass Probleme und Lösungen nicht immer in direkter Beziehung zueinander stehen.

Was er damit gemeint hat, ist, dass die genauen Kenntnisse über die Entstehung eines Problems oder einer unbefriedigenden Situation nicht dazu beitragen, Schritte in Richtung Besserung zu definieren. Fragen wie: Wer ist daran schuld? Wie ist es damals so weit gekommen? Welche Fehler wurden gemacht? etc. führen nicht zu einer Verbesserung der Gesamtsituation.

Der Fokus auf die schlechtere Vergangenheit ist damit in doppelter Hinsicht wenig empfehlenswert: Er führt einerseits zu einer Problemtrance, weil wir uns dabei wieder so fühlen wie damals (ohnmächtig, unglücklich, ärgerlich ...), und hilft dann noch nicht einmal bei der Suche nach Schritten in Richtung Besserung.

Was auch immer früher gewesen ist, wichtig für die Lösung ist allein das angestrebte Ziel für die Gegenwart und die Zukunft. Wir glauben daran, dass Menschen sich verändern können und sie frei wählen können, was sie heute anders tun als gestern.

Trotzdem macht ein Blick in die Vergangenheit immer wieder Sinn – auch aus *lösungsorientierter* Sicht. Wir suchen dort aber nicht nach Ursachen für Probleme, sondern nach jenen Momenten, in denen sich die Situation besser für uns angefühlt hat.

Kein Problem tritt ohne Unterbrechung auf

Diese Beobachtung hat die Forscher in Milwaukee besonders überrascht. In jeder noch so schlimmen Situation gibt es Momente, in denen das Problem weniger bis gar nicht spürbar ist. Diese Situationen und vor allem, was sie ausmachen, sind wichtige Hinweise für eine rasche Besserung der Gesamtsituation. Deshalb zahlt es sich aus, nach ihnen Ausschau zu halten und ihnen besonderes Augenmerk zu schenken.

Wir können herausfinden, was in jenen besseren Momenten anders war, und diese Erkenntnisse für die Zukunft nutzen.

Wenn etwas funktioniert, mache mehr davon

Was schon einmal gut funktioniert hat, wird wahrscheinlich wieder funktionieren. Die drei – aus unserer Sicht motivierenden – Punkte, die hier noch unausgesprochen dahinter stehen, sind:

- Offenbar haben wir auch in der Vergangenheit schon Dinge richtig gemacht! Wir sind also scheinbar in der Lage, Besserung aktiv selbst herbeizuführen!
- Wir müssen für erste Ideen zur Erreichung unserer Ziele gar nicht übermäßig kreativ werden – wir wissen ja schon einiges darüber, was gut funktioniert.
- Um unsere erwünschte bessere Zukunft zu erreichen, ist es auch gar nicht notwendig, »alles« anders zu machen. Vieles von dem, was wir ohnehin schon tun, darf bzw. soll auch so bleiben.

Praxistipp

Fragen, die die Suche nach positiven Ausnahmen in der Vergangenheit unterstützen können, sind zum Beispiel:

- Wann war die Situation für dich denn ein wenig besser?
- Gibt es Beispiele in der Vergangenheit, die schon ähnlich waren wie deine erwünschte Zukunft? Und wenn ja, welche?
- Was war in diesen Momenten anders?
- Was hast du dazu beigetragen, dass diese Momente möglich geworden sind?
- Wer hat noch dazu beigetragen und wie?
- Wie hast du auf diese Beiträge der anderen reagiert?

Sie werden jetzt vielleicht denken – und wenn das, was früher funktioniert hat, nun nicht mehr funktioniert? Kann diese Denkweise nicht auch eine deprimierende Sackgasse sein? Nun ja – natürlich gibt es Umstände, die das Wiederholen von funktionierenden Strategien verhindern. De Shazer hatte auch dafür – seiner minimalistischen Natur folgend – die passende Antwort:

Wenn etwas nicht funktioniert, mache etwas anderes

»Alles klar, was denn sonst?«, waren meine Gedanken, als ich diesen Satz zum ersten Mal hörte. Heute weiß ich, wie unglaublich wichtig er für mich und mein eigenes Weiterkommen ist!

Vielleicht kennen Sie das auch selbst: Wenn ich mir logisch zusammenreime, dass ein bestimmtes Vorgehen zur Lösung eines Problems funktionieren muss, bin ich gut und gerne bereit, mehrfach mit dem Kopf sprichwörtlich gegen dieselbe Wand zu laufen und mir dabei einzureden, irgendwelche zufällig aufgetretenen Umstände seien dafür verantwortlich, weshalb mein Plan nicht funktioniert hat. In der absoluten Sicherheit, dass der nächste Versuch klappen muss, laufe ich dann mit derselben Strategie wieder und wieder gegen diese Mauer. Und erst, wenn die Nase – bildlich gesprochen – blutig ist, fange ich an, mir einzugestehen, dass hier möglicherweise ein völlig anderer Weg zum erwünschten Ziel gefunden werden will.

Um einen neuen Weg zu finden, ist es natürlich notwendig, das angestrebte Ziel zu kennen. Und es ist hilfreich, mutig zu sein für kreative und völlig neue Denkansätze. Die müssen im ersten Moment auch gar nicht realistisch klingen –

dürfen sogar verrückt, irrational und fantastisch sein. Oft verbergen sich gerade in den wildesten Ideen kreative und praktisch umsetzbare Möglichkeiten.

Praxistipp

Hilfreiche Fragen zur Unterstützung bei der Entwicklung dieser neuen Ideen könnten zum Beispiel die folgenden sein:

- Wer aus deiner Umgebung kennt dich/ deine Situation denn besonders gut?
- Was würde er/sie denn sagen, wie du am besten dein Ziel erreichen kannst?
- Wenn du jede nur erdenkliche Möglichkeit hättest – wie würdest du dann dein Ziel erreichen können?

Dabei geht es nicht darum, wer die genialsten Fantasiegeschichten mit den meisten Verwicklungen in seinem Kopf kreieren kann. Ganz im Gegenteil – Kreativität ist gerade dann gefragt, wenn es darum geht, einfach zu bleiben.

Kleine Schritte können große Veränderungen bewirken

Es sind oft genug die ganz kleinen Dinge, die Großes verändern können. So kann zum Beispiel eine geänderte Sitzposition, ein anderes Licht o. Ä. in einem Raum für ein anderes Gesprächsklima sorgen. Ein einfaches und aufrichtiges Dankeschön kann Beziehungen verändern. Ein ehrliches Lächeln kann einen ganzen Tag zum Besseren wenden. Bestimmt haben auch Sie schon die Erfahrung gemacht, dass eine kleine Intervention große Wirkung gezeigt hat. Welche Beispiele fallen Ihnen dazu ein?

Um bei der Definition kleiner Schritte behilflich zu sein, nutzen wir in der *lösungsorientierten Arbeit* gerne das Instrument der Skalierungen. Auf der 10-teiligen Skala ist es möglich, den Ausgangspunkt (also das Jetzt), den Punkt der Zielerreichung und die Schritte dahin sichtbar zu machen. Diese Form der Visualisierung hilft dabei, Gedanken zu ordnen, in eine Reihenfolge zu bringen und damit einen Plan zur konkreten Umsetzung zu verfassen.

Wie genau Skalierungsfragen funktionieren und wie Sie sie in Ihren *lösungsorientierten* Meetings einsetzen können, wird ein wenig später beschrieben.

Lösungsorientierte Arbeit wird also sehr intensiv mit Fragen unterstützt. Wer fragt, der führt – sagt eine alte Weisheit. Die *lösungsorientierten* Fragen sind die wichtigsten Instrumente in unserem Methodenkoffer. Um sie auch tatsächlich wirkungsvoll einsetzen zu können, sind die im Folgenden aufgeführten Gedanken und persönlichen Einstellungen hilfreich.

Wir konzentrieren uns auf die Stärken und Fähigkeiten

Anstatt auf die Fehler und Schwächen unserer Gesprächspartner bzw. Kollegen konzentrieren wir uns auf die Stärken und Fähigkeiten. Wir entscheiden in jedem Moment selbst, worauf wir achten möchten, wenn wir etwas sehen oder hören: Auf das, was gut ist – oder auf das, was schlecht ist.

Diese Entscheidung basiert auf jenen Erwartungen, die durch unsere Erfahrungen beeinflusst sind. Wenn Herr B also bereits zum gefühlt hundertsten Mal zu spät zu einer Sitzung erscheint, fällt es uns schwer, davon auszugehen, dass er sein Bestes gegeben hat, um diesmal pünktlich zu kommen.

Wir können aber auch entscheiden, uns stattdessen darüber zu freuen, dass wir nun alle vollzählig beisammen sind. Wir können auch bemerken, dass es diesmal nur fünf anstatt der üblichen zehn Minuten sind, die Herr B auf sich warten ließ. Und sollte er dann tatsächlich doch einmal pünktlich erscheinen, macht es Sinn – unter vier Augen und nach dem Meeting – danach zu fragen, welchen Unterschied es für ihn gemacht hat, diesmal von Beginn an dabei zu sein.

Der Fokus auf vorhandene Fertigkeiten und Fähigkeiten zeigt unseren Gesprächspartnern, welche Werkzeuge sie bereits besitzen, um Veränderungen aktiv bewirken zu können.

Wir verstehen und vertrauen darauf, dass jeder Experte seiner eigenen Situation ist

Niemand weiß besser, was Sie brauchen, als Sie selbst! Und niemand weiß besser, was Ihr Kollege braucht, als Ihr Kollege! Auf der einen Seite soll uns dieses Wissen daran erinnern, nichts in Aussagen oder Handlungen anderer hineinzuinterpretieren. Andererseits ist es auch eine Entlastung für all jene, die glauben, dass sie die Probleme anderer lösen müssen. Denn es bedeutet, dass nur diejenigen, die ein Problem haben, auch die für sie passende Lösung finden können!

Es ist also nicht die Aufgabe eines Moderators, alle auftretenden Probleme zu lösen, sondern er soll anderen dabei helfen, ihre eigenen Lösungen zu finden. Solche eigenen und selbst gefundenen Lösungen werden auch wesentlich häufiger umgesetzt als erteilte Ratschläge.

Vermutlich kennen Sie auch solche Situationen, in denen Ihnen gut gemeinte Ratschläge einfach nicht weiterhelfen konnten? Vielleicht auch deshalb, weil die helfen wollenden Personen wichtige Details Ihrer Situation einfach nicht kannten oder nicht hilfreich interpretiert hatten? Das führt uns zur wahrscheinlich herausforderndsten Grundeinstellung der *lösungsorientierten Arbeitsweise*: zur Haltung des Nicht-Wissens.

Haltung des Nicht-Wissens

Wir haben in unserem Leben bis heute schon sehr viele Erfahrungen gemacht. Daher ist es auch verständlich, dass wir uns auf den verschiedensten Gebieten selbst wie Experten fühlen. Wann immer wir etwas sehen oder hören, bilden wir auf Basis unserer Erfahrungen Hypothesen. Diese hindern uns aber oft daran, nach dem gemeinten Hintergrund und den beabsichtigten Zielen hinter einem beobachteten Vorgehen zu fragen, weil wir denken, die Antwort bereits zu kennen!

Im *lösungsorientierten* Vorgehen sind wir uns dessen bewusst. Es ist aber nicht möglich, sich selbst zu verbieten, Hypothesen zu bilden. Je stärker wir das versuchen, desto weniger gelingt es uns, dem anderen zuzuhören. Wir verpassen dann wichtige Hinweise für mögliche Lösungsschritte, weil wir uns in solchen Momenten viel mehr mit uns selbst und unseren Hypothesen beschäftigen als mit unseren Gesprächspartnern. Der wesentlich hilfreichere Weg ist es, die eigenen Hypothesen und Gedanken zu akzeptieren, sie zur Seite zu legen und offen und neugierig für Antworten zu bleiben, mit denen wir nie gerechnet hätten.

Diese Haltung unterstützt dabei, die passenden Fragen in einer hilfreichen Art und Weise zu stellen. Unsere Fragen helfen den Menschen dabei, ihren eigenen Weg zu finden, anstatt sie dahingehend zu manipulieren, in jene Richtung zu denken, die unseren Erfahrungen entspricht. Die Haltung des Nicht-Wissens einzunehmen braucht Vertrauen auf die Expertise unseres Gegenübers für seine eigene Situation, Zurückhaltung im Erteilen von Ratschlägen und Geduld – deshalb ist sie für viele Menschen die am schwierigsten zu erwerbende Grundhaltung.

Und bist du nicht willig, so brauch ich Geduld.

Geduld

Dieses Zitat [Kruse 2010] von Peter Kruse, einem deutschen Organisationspsychologen, ist in einem völlig anderen Zusammenhang entstanden – passt aber inhaltlich so schön hierher, dass wir es gerne nutzen möchten.

Es ist einfach unmöglich, Menschen dazu zu bringen, ihre eigenen funktionierenden und nachhaltigen Lösungen schneller zu finden! Fragen lösen einen Denkprozess aus – und es kann richtig lange dauern, bis eine Antwort gegeben wird. Diese Periode der Stille auszuhalten ist manchmal schwierig und unangenehm. Sie zu durchbrechen, zum Beispiel, indem man eine andere Frage stellt, bedeutet, den Denkprozess abzubrechen, den man davor so gekonnt ausgelöst hatte.

Eine wichtige Regel für solche Situationen lautet daher: Wenn Sie eine Frage gestellt haben, warten Sie, bis Sie eine Antwort bekommen – ganz gleich, wie lange es dauert! Probieren Sie es doch einfach mal aus! Sie werden sehen, dass früher oder später eine gut überlegte, manchmal überraschende Antwort kommt. Und, wenn Sie dann hören, dass Ihre Frage nicht verstanden wurde oder sie nicht beantwortet werden konnte, dann ist genau der richtige Zeitpunkt, die Frage neu zu formulieren oder eine andere Richtung mit Ihren Fragen einzuschlagen. Unter uns, es ist oft auch ein richtig gutes Gefühl, es geschafft zu haben, diese Stille auszuhalten. Genießen Sie es!

Vielleicht ist es interessant, nun die Prime Directive für Retrospektiven mit den eben vorgestellten Prinzipien und Haltungen des *lösungsorientierten Vorgehens* zu vergleichen.

Die Prime Directive der Retrospektiven

(übersetzt von Ralph Miarka)

> *»Unabhängig davon, was wir heute entdecken, verstehen und glauben wir aufrichtig, dass in der gegebenen Situation mit dem verfügbaren Wissen und den Ressourcen und unseren individuellen Fähigkeiten jede(r) sein Bestes getan hat.*
>
> *Am Ende eines Projekts weiß jeder so viel mehr. Natürlich werden wir Entscheidungen und Handlungen entdecken, von denen wir wünschen, dass wir sie nochmals anders treffen und tun könnten. Dies ist eine Weisheit, die es zu feiern gilt, kein Urteil, das dazu dient, jemanden bloßzustellen.«*

Wenn man diese Aussage von Norman Kerth mit der *lösungsorientierten* Brille liest, dann ist sie wohl mehr als eine Grundhaltung zu verstehen denn als eine Handlungsanweisung. Dann kann sie auch nicht durch Vorlesen verordnet werden. Vielmehr ist es aus unserer Sicht ratsam, in einem eigens dafür vorgesehenen Workshop die Inhalte erlebbar und damit im Teamalltag erlebbar zu machen. Wer sich die *lösungsorientierten Haltungen und Prinzipien* sich zu eigen gemacht hat, der versteht wohl die Prime Directive als logische Schlussfolgerung daraus.

Im nächsten Teil dieses Kapitels werden wir Ihnen eine von vielen Möglichkeiten vorstellen, wie man die zuvor beschriebenen *lösungsorientierten Prinzipien* für eine Retrospektive nutzen kann.

7.3 Eine lösungsorientierte Retrospektive in fünf Schritten

Eines der wohl einflussreichsten Werke zum Thema Teamretrospektiven ist das Buch »Agile Retrospectives« von Derby und Larsen [Derby & Larsen 2006]. In diesem Buch stellen sie eine fünf-stufige Struktur für die Durchführung von Retrospektiven vor. Eine solche Struktur empfinden auch wir als hilfreich. Daher haben wir unsere Form der Retrospektiven daran angelehnt. In den nächsten Seiten führen wir Sie durch diese 5 Phasen einer *lösungsorientierten Retrospektive*:

1. Eröffnen
2. Ziel setzen
3. Sinn finden
4. Handlungen initiieren
5. Ergebnisse prüfen

7.3.1 Eröffnen

Das Ziel unserer Eröffnung ist es, ein kreatives und teamorientiertes Arbeiten zu ermöglichen. Außerdem möchten wir, dass sich die Teammitglieder gleich auf funktionierende Aspekte konzentrieren, die möglicherweise für die zukünftige Arbeit hilfreich sein könnten.

In »Die Macht der guten Gefühle« [Fredrickson 2011] beschreibt Fredrickson »Das Geheimnis erfolgreicher Teams«. Die vorgestellten Forschungen belegen, dass erfolgreiche Teams aus Menschen bestehen, die ganze sechs Mal mehr positive Äußerungen formulieren als negative. Zudem haben diese Teams eine hohe Gruppenkonnektivität, das heißt, die Mitglieder konzentrieren sich mehr auf die Gruppe als auf sich selbst. In der Teamkommunikation werden außerdem genauso häufig Fragen gestellt wie Standpunkte verteidigt und die Aufmerksamkeit dieser Teams richtet sich genauso sehr nach außen wie nach innen. Solche Teams zeigten auch, dass sie flexibler und belastbarer sind als Vergleichsgruppen. Fredrickson beschreibt, dass positives Denken den Horizont erweitert und uns für Neues öffnet, neue Ressourcen schafft und Resilienz (Steh-auf-Männchen-Qualitäten) fördert.

Intervention: Etwas Wahres und Positives

Diese Erkenntnisse motivieren uns, ein solches Arbeitsklima zu schaffen. Deshalb starten wir eine *lösungsorientierte Retrospektive* damit, dass jeder Teilnehmer etwas Wahres und Positives über die eigene Arbeit sagt. Diese einfache Intervention führt zu mehr Kreativität, Engagement und positivem Denken während des ganzen Meetings.

Intervention: Kettenfrage

Um dabei auch die Gruppenkonnektivität zu fördern, benutzen wir eine Methode, die wir Kettenfrage nennen. Sie bitten die Person neben sich (Person 1), Ihnen etwas Wahres und Positives über deren eigene Arbeit zu berichten. Nachdem sie geantwortet hat, stellt sie dieselbe Bitte wiederum an die nächste Person (Person 2) und so weiter. Mit dieser Methode beginnen die Teammitglieder miteinander zu reden und einander zuzuhören.

Intervention: Was noch?

Ein weiteres Werkzeug, das Sie hier gut nutzen können, ist gleichzeitig eine der hilfreichsten Fragen im Coaching:

Und was noch?

Wenn wir etwas gefragt werden, versuchen wir typischerweise eine kurze und schnelle Antwort zu geben, um weiterzukommen und dabei unsere Ressourcen zu schonen. Eine Antwort, die uns schon – sozusagen – auf der Zungenspitze gelegen ist und bei der es nicht viel Anstrengung braucht, sie »auszuspucken«. Erst, wenn wir dann noch einmal gefragt werden, denken wir weiter. Die »*Was noch?*«-Frage hilft den Menschen, tiefer in sich hineinzuhören, um Antworten zu finden, die wertvoller für sie sind als die, die sie ohnehin schon kannten.

Praxistipp

Teamrunde zur Eröffnung einer Retrospektive

1. Auf was, das du in den letzten beiden Wochen erreicht hast, bist du stolz? Und worauf noch (bist du stolz)?
2. Was von dem, das du getan hast, hat anderen geholfen? Und was noch (war hilfreich für andere)?

Gerne wiederholen wir diese Fragen in jeder Retrospektive. Dies erzeugt ein Gefühl von Vertrautheit und es fördert, dass die Teammitglieder zwischen den Retrospektiven sich auf funktionierende Aspekte konzentrieren. Sie beginnen regelrecht danach zu suchen, um in der nächsten Retrospektive Antworten auf diese immer wiederkehrenden Fragen zu haben. Diese Suche führt dann dazu, dass auch immer mehr von diesen funktionierenden Aspekten gefunden und auch erzeugt werden, einfach, weil man darauf fokussiert.

7.3.2 Ziel setzen

Nachdem wir mit dem Team nun eine positive Arbeitsatmosphäre geschaffen haben, geht es um den wichtigsten Punkt einer Retrospektive. Das Ziel zu setzen ist manchmal schwierig – und immer notwendig! Denn ohne ein gemeinsames Ziel läuft man Gefahr, aneinander vorbei zu arbeiten oder sich in weitläufigen Themen zu verlieren. Ein zufriedenstellendes Ergebnis wird dann nur selten erreicht.

Praxistipp

Es gibt verschiedene Formulierungen, um nach einem Ziel zu fragen. Exemplarisch möchten wir hier einige vorstellen.

- Welches Ziel wollt ihr erreichen?
- Welchen Zustand wollt ihr anstreben?
- Was wäre in euren Augen eine große oder kleine Veränderung?
- Wer wird die erste Person sein, die bemerken wird, dass ihr euer Ziel erreicht habt? Was würde er/sie beobachten, was ihr anderes tut?
- Angenommen, ihr habt euer Ziel erreicht, was wäre dann anders für euch? Was hätte dieser Umstand für Auswirkungen für euch?
- Und auch: Was soll so bleiben, wie es ist?

Um eine rasche Fokussierung zu ermöglichen, stellen wir meist nur eine von diesen Fragen an das Team, mit der Bitte, innerhalb von ungefähr 10–15 Minuten ein gemeinsames Ziel in einem Satz zu formulieren.

Bei der Zielformulierung ist es wichtig, dass beschrieben wird, wie die gewünschte Zukunft aussehen soll, und nicht, wie sie nicht aussehen soll. Es geht also um die Anwesenheit von Erwünschtem anstatt um die Abwesenheit von Unerwünschtem. Dazu benutzen wir gerne die Frage

Und was stattdessen?

wann immer wir eine negative Formulierung hören.

Intervention: Aus Problemen Ziele machen

Manchmal fällt es Teammitgliedern leichter, Probleme aufzulisten, als gleich Lösungen zu präsentieren. Diese Fähigkeit nutzen wir dann auch, um zu Zielen zu gelangen.

In einem ersten Schritt bitten wir die Teammitglieder, eine Reihe von aktuellen Problemen aufzulisten. Dazu stellen wir die linke Hälfte eines Flipcharts und etwas Zeit zur Verfügung.

In einem zweiten Schritt bitten wir alle, die Wünsche, Sehnsüchte und Ziele, die hinter diesen Problemen stecken, auf die rechte Seite – also jeweils daneben – aufzuschreiben. Was möchten sie erreichen, wenn diese Probleme beseitigt sind?

Anschließend trennen wir die Ziele von den Problemen, indem wir das Blatt falten und am Falz vorsichtig zerreißen. Wir fragen, ob wir uns der Probleme annehmen dürfen und versprechen, dass wir gut darauf aufpassen werden, für den Fall, dass das Team diese Probleme wiederhaben möchte. Für die weitere Arbeit behält das Team die Wünsche und Ziele.

Basierend auf diesen Wünschen und Zielen wählt oder erarbeitet das Team ein gemeinsames Ziel. Dieses Ziel steht dann im Fokus der weiteren Retrospektive.

Intervention: Wunderfrage

Ihnen kann nur noch ein Wunder helfen? Diese Situation brachte Insoo Kim Berg auf die Idee, die sogenannte Wunderfrage zu formulieren. Sie stellt eine weitere Intervention zur Zielfindung im *lösungsorientierten Ansatz* dar [Sparrer 2009a]:

> *»Wenn ihr also heute nach Hause geht – und anschließend vielleicht noch mit euren Familien zu Abend esst, oder ihr verbringt den Abend alleine oder mit Freunden, ihr tut also was immer ihr noch am Abend tun wollt – und irgendwann werdet ihr müde und legt euch schlafen – und schließlich schlaft ihr ein – und einmal angenommen, – in dieser Nacht – geschähe ein Wunder – und das Wunder bestünde darin, – dass alle Probleme, die ihr heute angesprochen habt, – gelöst sind, – auf einen*

Schlag – einfach so – und das wäre doch ein Wunder, nicht wahr? Und wenn ihr nun morgen früh aufwacht, – und niemand sagt euch, dass dieses Wunder geschehen ist, – woran könnt ihr dann erkennen, dass dieses Wunder geschehen ist?«

Lassen Sie sich alles im Detail erzählen. Ermutigen Sie zu mehr mit der »Und was noch?«-Frage. Fokussieren Sie auch darauf, was alle Beteiligten dann tun würden. Lassen Sie sich also Handlungen beschreiben und mögliche Reaktionen von anderen darauf. Beziehen Sie das ganze Team, andere Abteilungen, die Vorgesetzten, die Kunden etc. mit in das Wunder ein. Nach dieser Frage ist vielen ihre erwünschte Zukunft viel klarer als vorher und nicht selten verbergen sich in den Antworten auch Hinweise auf konkrete Schritte zur Realisierung dieses Wunders.

Zielkriterien

Ein klar formuliertes Ziel ist nicht nur wesentlicher Teil einer Retrospektive, sondern die Grundlage für jede Form gelungener Kommunikation. Nur wenn das Ziel (die Ziele) klar ist, kann es auch erreicht werden. Gestehen Sie diesem Thema daher die nötige Priorität und Aufmerksamkeit zu.

Bitte beachten Sie, ein Ziel ist:

- keine Frage, sondern eine positive Aussage
- keine Handlung, sondern ein detailliert beschriebener Zustand unter Berücksichtigung der relevanten Umwelt
- kein Gefühl, sondern etwas Konkretes
- im Einflussbereich des Teams
- realisier- und messbar

Ein hilfreiches Ziel ist verstehbar, sinnhaft und umsetzbar. Die Verstehbarkeit sollte am Ende dieser Phase nun gegeben sein. Die Sinnhaftigkeit und Umsetzbarkeit werden wir in Folge weiter betrachten.

7.3.3 Sinn finden

Im Jahr 1997 schrieb Fredmund Malik in seinem Newsletter »Malik On Management« einen Artikel zum Thema »Motivation durch Sinn«. Er beschreibt darin fast ausschließlich die Lehre Viktor Frankls und deutet sie für die wichtigsten Aufgaben im Management neu. Was für die Arbeit im Management gilt, hat aber für die Arbeit mit Menschen an sich Gültigkeit – egal in welchem Bereich sie stattfindet.

Malik [Malik 1997] schreibt zum Beispiel: »Der Mensch ist also nach Frankl motiviert durch Sinn und durch die Suche nach Sinn. [...] Wenn der Mensch Sinn gefunden hat, wenn und solange er einen Sinn in etwas zu erblicken vermag, ist er zu absoluten Höchstleistungen bereit und fähig, Opfer zu bringen und Verzicht zu leisten.«

Und weiter: »Die Sinnsuche ist die bewegende Kraft schlechthin. Sinn kann aber niemandem gegeben werden. Jeder muss ihn selbst suchen. Man kann Menschen allerdings ihren Sinn nehmen; man kann ihr Streben nach Sinn frustrieren und damit ihre wichtigste Kraftquelle und ihre Lebensgrundlage zerstören. Dies nicht zu tun – sondern vielmehr die Möglichkeiten zu schaffen, dass jeder Sinn finden kann – ist wohl eine der vornehmsten Aufgaben von Führungskräften.«

Ausgehend von diesen Betrachtungen von Malik, erarbeiten wir mit dem Team den Sinn des gemeinsamen Ziels. Dieser Schritt führt oft nochmals zu einer Zielveränderung, damit es wirklich Sinn macht. Dazu betrachten wir direkte und indirekte Konsequenzen und Einflüsse.

Intervention: Wozu?

Die wichtigste Frage, um Sinn zu finden, ist:

Wozu?

Die Antwort darauf ist manchmal nicht einfach zu finden – aber wenn sie einmal gefunden ist, dann kennen Sie Ihr Ziel.

Oft wird die Frage nach dem »Warum?« zu diesem Zweck eingesetzt. Wir haben allerdings festgestellt, dass diese Frage allzu leicht mitten ins Problem hineinführt, um dort nach Gründen und möglichen Schuldigen zu suchen. Deshalb empfehlen wir, diese Frage ab sofort zu streichen und sie durch die Frage »Wozu?« zu ersetzen. »Wozu?« führt direkt in die gewünschte Zukunft, hilft zu verstehen und Sinn zu finden.

Praxistipp

Fragen zur Unterstützung der Sinnfindung:

- Wozu wollt ihr euer Ziel erreichen?
- Was wird dann anders sein?
- Angenommen, ihr habt euer Ziel erreicht, welche Auswirkungen wird das für euch haben? Und welche noch?
- Und wie wird sich dies für andere auswirken? Und wie noch?

In der Arbeit mit Teams ist uns häufig aufgefallen, dass das Umfeld des Teams bei der Sinnfindung oft unzureichend einbezogen wird. Um die Außenperspektive aktiver zu gestalten, verwenden wir die Technik der *zirkulären Fragen*.

Intervention: Zirkuläre Fragen

Frage »um die Ecke«, um zu erfahren, welche Chancen und Risiken jene Menschen sehen könnten, die im Augenblick nicht anwesend sind. Sich gedanklich in andere Köpfe und Blickwinkel zu versetzen, erweitert die eigenen Möglichkeiten und führt zu neuen Perspektiven. Zum Beispiel:

- Was würde euer Chef sagen, welche Auswirkungen die Erreichung eures Ziels für euch haben wird?
- Und welche Auswirkungen würde er noch erwarten?

Denn auch für andere sollte das erarbeitete Ziel voller Sinn, also sinnvoll, erscheinen. Ansonsten könnten unerwartete Widerstände den Erfolg beeinträchtigen.

Wir empfehlen in der Praxis, die so gefundenen Aspekte des Nutzens der Zielformulierung hinzuzufügen. So können Sie und Ihr Team sich später immer wieder daran erinnern.

7.3.4 Handlungen initiieren

Nachdem nun ein sinnvolles Ziel erarbeitet wurde, geht es daran, Schritte zur Veränderung abzuleiten. Diese Schritte können durchaus klein sein. Für eine erfolgreiche Umsetzung ist es jedoch meist wichtig, dass die Teammitglieder erkennen, dass sie die notwendigen Kompetenzen zur Umsetzung bereits besitzen.

Eine beliebte Intervention im *lösungsorientierten Ansatz* ist die im Folgenden beschriebene Skalierung [Szabo 2007].

Intervention: Skalierung

Stellen Sie sich eine Skala von null bis zehn vor, wobei zehn jenen Punkt darstellt, an dem das Ziel erreicht ist, und null das Gegenteil davon.

0 ———————————— 10

- Wo steht ihr im Moment?

0 ———×——————— 10

Jedes Teammitglied darf hierzu Stellung beziehen. Diese Stelle bietet viele Anhaltspunkte, um mit dem Team zu erarbeiten, was schon funktioniert. Dies stärkt Zuversicht und Vertrauen in die eigenen Fähigkeiten. Hier können auch positive Unterschiede aufgezeigt und nutzbar gemacht werden. Eventuell war es ja schon mal »schlimmer«.

- Wie kommt es, dass ihr schon dort seid (und nicht mehr bei null)?
- Und wie habt ihr das geschafft?

Als Nächstes nutzen wir die Skala, um das Ziel nochmals zu konkretisieren.

- Wo möchtet ihr stehen?

0 ———×—————⊙—— 10

Manche Personen möchten gerne die zehn erreichen, andere jedoch sind schon bei sieben oder acht am Ziel. Oft wird auch erkannt, dass der Unterschied zur zehn viel mehr Aufwand benötigt, als derzeit möglich ist, und daher ein kleinerer Schritt ausreichend ist.

Je nachdem, wie genau das Ziel im vorherigen Schritt schon erarbeitet wurde, können Sie die Zielarbeit nochmals vertiefen.

- Was ist dort anders als bei ×?
- Woran erkennt ihr, dass ihr ⊙ erreicht habt?
- Woran erkennen dies andere?
- Angenommen ihr seid bei ⊙, was werdet ihr dann anders tun?
- Wann möchtet ihr bei ⊙ sein?

Um Fortschritte auf dem Weg zum Ziel zu machen, ist es sehr hilfreich, den nächsten, den ersten Schritt genauer zu kennen.

0 ———— × — O ———— ⊙ ———— 10

- Woran werdet ihr erkennen, dass ihr auf der Skala einen Punkt weiter gekommen seid?
- Und woran noch werdet ihr dies erkennen?

Durch diese Fragen sollen die kleinen Zeichen des Fortschritts in den Fokus gerückt werden. Außerdem geht es darum, viele Wahlmöglichkeiten und Ideen zu eröffnen, sodass das Team konkrete Handlungen durchführen kann. Diese Schritte erfassen wir auch gerne schriftlich und geben somit dem Team die Möglichkeit, sie zwischen den Retrospektiven vor Augen zu haben.

Die einfache Struktur der Skalierung bietet drei unterschiedliche Fokuspunkte für das Gespräch:

1. Eine realistische Beschreibung der gewünschten Zukunft
2. Eine Aufzählung von all jenen Dingen, die schon in Richtung des gewünschten Ziels gehen – inklusive der bisher schon erreichten Erfolge
3. Das Erkennen möglicher Fortschritte in der unmittelbaren Zukunft [Iveson et al. 2012]

In mehreren Retrospektiven haben wir diese Skalierung als Aufstellung [Sparrer 2009b] der Teammitglieder im Raum durchgeführt. Dabei beziehen die Personen mit ihren Körpern Stellung zur Situation und der gewünschten Zukunft. Sie können dadurch spüren, ob eine Position richtig ist für sie oder nicht. Auch können sie die Unterschiede zwischen den Positionen besser wahrnehmen. So wird auch das Bauchgefühl miteinbezogen.

Zusätzlich werden die Standpunkte der Teammitglieder sehr deutlich und sie können sich über die Unterschiede austauschen. Uns ist aufgefallen, dass trotz unterschiedlicher Skalierung einer Situation die Aussagen zu dem, was schon funktioniert oder wie es werden soll, sich dann stark ähneln. Diese Erkenntnis hilft auch den Teammitgliedern, mehr Verständnis füreinander aufzubringen und somit Konflikte zu reduzieren.

7.3.5 Ergebnisse prüfen

So weit, so gut. Es gibt nun ein Ziel, das für alle Betroffenen sinnvoll ist, und sie kennen die ersten Schritte, um dieses Ziel auch erreichen zu können. Wie sicher sind Sie, dass die betroffene Person bzw. das betroffene Team diese Schritte nun auch tatsächlich umsetzen wird?

Praxistipp

Sie können die Wahrscheinlichkeit dazu noch ein wenig erhöhen, indem Sie die erarbeiteten Ergebnisse überprüfen:

→ Auf einer Skala von 0 bis 10, wie zuversichtlich seid ihr, dass ihr die nächsten Schritte (bzw. den nächsten Schritt) auch tatsächlich machen werdet?

Die Zuversichtsskala hilft dabei:

1. Zu überprüfen, ob die erarbeiteten Resultate auch das Zeug dazu haben, tatsächlich umgesetzt zu werden.
2. Über noch vorhandene eventuelle Zweifel zu sprechen und Wege zu finden, mit ihnen gut umzugehen.
3. Die Verbindlichkeit der Abmachung zu erhöhen.

Möglicherweise ist es hilfreich, noch über die Erhöhung der Zuversicht bei allen Beteiligten zu sprechen, um erkannte Hindernisse offenzulegen und dafür Lösungen zu finden.

- Was würdet ihr noch benötigen, um etwas zuversichtlicher sein zu können?

7.3.6 Eine lösungsorientierte Kurzretrospektive

Sie erinnern sich noch an die ersten Fragen aus der Eröffnung? Nehmen wir noch eine weitere Frage hinzu, und Sie haben eine Kurzretrospektive, die Sie auch mal nach einem Standup anwenden können:

1. Auf was, das du gestern erreicht hast, bist du stolz?
2. Was von dem, das du getan hast, hat anderen geholfen?
3. Jetzt, wo du so viel mehr weißt, was würdest du jetzt anders machen?

Um es kurz zu halten, wird hier die jeweils erste Antwort auf die jeweilige Frage ohne Nachfragen genommen. Je nach Größe des Teams und zur Verfügung stehender Zeit wären »Und was noch?«-Fragen eine hilfreiche Erweiterung.

7.3.7 Zwischen den Retrospektiven

Retrospektiven sind Ausgangspunkte von Veränderungen. Selten findet die Veränderung in der Retrospektive selbst statt. Beobachten Sie gemeinsam mit dem Team, welche Aspekte sich ab der Retrospektive positiv verändern. Fokussieren Sie dabei auf jede kleine positive Variation.

Dies kann gut in ein tägliches Standup-Meeting eingebaut werden. Zum Beispiel könnten Sie folgende (oder eine ähnliche) Frage aufnehmen:

- Was ist dir seit dem letzten Standup aufgefallen, das uns unserem gemeinsamen Ziel näher bringt?

Wie schon beschrieben, hilft diese Fokussierung auf die positiven Unterschiede dem Team dabei, bei der Umsetzung der Schritte motiviert zu bleiben.

Wir wünschen viel Erfolg beim Experimentieren mit den *lösungsorientierten* Methoden und beim Feiern Ihrer Erfolge!

8 Verteilte Retrospektiven

Mit dem Fortschreiten der Globalisierung gibt es immer mehr Teams, die nicht mehr zusammen an einem Standort arbeiten, sondern über mehrere Standorte verteilt sind. Bedingt durch diese Verteilung kommt es automatisch auch zu einer Distanz zwischen den Teammitgliedern. Im besten Falle befinden sich diese verteilten Teams in der gleichen Zeitzone oder in Zeitzonen mit nur sehr kleinem Zeitunterschied (1–2 Stunden). Es gibt aber immer mehr Teams, die über den ganzen Globus verteilt sind und deren Arbeitszeiten z. T. gar keine zeitliche Überschneidung mehr haben. Zusätzlich zu der zeitlichen und körperlichen Distanz kann es dann noch die Distanz, die durch Kultur, Sprache, Politik oder Geschichte entsteht, geben. Selbstverständlich hat diese Verteilung große Auswirkungen auf die Zusammenarbeit im Team und somit auch auf die Durchführung von Retrospektiven. Welche Herausforderungen daraus entstehen und welche Möglichkeiten es gibt, damit umzugehen, werde ich in diesem Kapitel erörtern.

Wenn Sie mehr über agile Softwareentwicklung mit verteilten Teams wissen wollen, empfehle ich Ihnen das gleichnamige Buch von Jutta Eckstein [Eckstein 2009], das ebenfalls im dpunkt.verlag erschienen ist.

8.1 Formen verteilter Retrospektiven

Jede Form verteilter Retrospektiven hat ihre eigenen Herausforderungen. Im Folgenden stelle ich Ihnen die verschiedenen Formen und deren spezifischen Herausforderungen vor.

8.1.1 Mehrere verteilte Teams

Die Variante, mit der ich bisher am meisten zu tun hatte, sind mehrere verteilte Teams. Diese können am gleichen Ort sein, sind aber häufig auf mehrere Standorte verteilt. Meiner Erfahrung nach hat diese Form der Organisation vor allem einen gravierenden Nachteil: Die Teams konzentrieren sich vor allem auf sich selbst und vergessen dabei, über den Tellerrand zu sehen.

In einer meinen letzten Firmen haben wir für einen großen Kunden ein neues CMS (Content Management System), inklusive eines kompletten Website-Relaunchs, eingeführt. In diesem Projekt gab es insgesamt 3 verschiedene Teams:

- Unser Entwicklungsteam in unsere Firmenzentrale
- Ein Entwicklungsteam direkt beim Kunden vor Ort
- Ein weiteres Team, zuständig für das Design, direkt beim Kunden vor Ort

Sowohl das Team bei uns als auch das Entwicklungsteam beim Kunden arbeitete nach einem agilen Vorgehensmodell. Die einzige Ausnahme war die Mediengestaltung. Da es in dem Projekt zu diversen Reibungen kam, wurde ich als Agile Coach hinzugezogen. Eine meiner Beobachtungen war, dass zwar Retrospektiven durchgeführt wurden, aber immer nur lokal. Auch wurden die Ergebnisse der Retrospektiven nie untereinander ausgetauscht. Wie aber soll man einen kontinuierlichen Verbesserungsprozess leben, wenn nur lokal optimiert wurde anstatt global. Darum war eine meiner ersten Maßnahmen die Einladung zu einer teamübergreifenden Retrospektive. Die Retrospektive dauerte den ganzen Tag und war der erste Event, an dem alle Teammitglieder gleichzeitig teilgenommen haben. Da ich das wusste, lag mein Fokus darauf, dass sich die Teammitglieder besser kennenlernen sollten und sich gegenseitig ihre Sichtweisen vorstellten. Dafür hatte ich entsprechende Aktivitäten vorbereitet. Für viele Teilnehmer bestand diese Retrospektive aus einer Reihe von »Aha-Erlebnissen«. Viele der Dinge, die in den letzten Wochen und Monaten vorgefallen waren, erschienen in einem völlig neuen Licht, weil sie jetzt auch die Sichtweisen der anderen Teams kannten. Wir konnten an diesem Tag einige Missverständnisse ausräumen und legten den Grundstein für einen erfolgreichen Projektverlauf. Die gemeinsamen Retrospektiven wurden beibehalten und alle 2 Monate durchgeführt. Ein halbes Jahr später konnte das neue System termingerecht online gehen.

Wenn in solchen Fällen Retrospektiven durchgeführt werden, dann meist lokal und ohne die anderen Teams direkt einzubeziehen. Dies führt zwar zu lokalen Verbesserungen, aber meist liegen die wahren Probleme in solchen Projekten in der Kommunikation und den Schnittstellen zwischen den Teams. Man versucht also möglichst, in regelmäßigen Abständen eine gemeinsame Retrospektive durchzuführen. Am besten macht man das, indem man sich zusammen an einem Ort trifft. Oft ist das leider nicht möglich und die Retrospektive muss verteilt stattfinden. Um eine solche Retrospektive effektiv durchführen zu können, gilt es, ein paar Dinge zu beachten. Damit nichts vergessen wird, habe ich eine Checkliste vorbereitet:

- **Co-Facilitator:**
  Es ist nahezu unmöglich, für zwei oder mehr Gruppen an verschiedenen Orten da zu sein. Suchen Sie sich deshalb einen Co-Facilitator an jedem Standort. Dies muss nicht zwingend ein erfahrener Facilitator sein, aber jemand, der den Ablauf kennt und den Raum entsprechend vorbereitet.

- **Laptops:**
  Jedes Teammitglied sollte Zugriff auf einen Laptop haben. Nur so kann man gemeinsam an einem virtuellen Board arbeiten. Am besten sitzen immer zwei Personen vor einem Laptop. Auf diese Weise wird die Diskussion interaktiver und die Teilnehmer laufen weniger Gefahr, andere Dinge mit dem Laptop zu machen.
- **Beamer:**
  In jedem der Räume sollte ein Beamer stehen, um das aktuelle Geschehen auf die Wand zu projizieren. Dies vermeidet, dass alle nur auf ihre Laptops starren.
- **Netzwerk:**
  Es geht nichts über ein gut funktionierendes Netzwerk. Stellen Sie vor der Retrospektive sicher, dass dieses funktioniert. Wenn Sie keinen Zugriff auf ein WLAN haben, müssen Sie genug Kabel und Switches zur Verfügung stellen.
- **Videokonferenztool:**
  Wichtig ist auch eine vernünftige Videokonferenzlösung. Wenn möglich sollten sich die Teilnehmer immer sehen können. Das Lesen der Mimik der Teilnehmer ist gerade in einer Retrospektive sehr wichtig.
- **Online-Board:**
  Da man nicht gemeinsam an einem Whiteboard, einem Flipchart oder einer anderen Wandfläche arbeiten kann, muss man ein virtuelles Board verwenden. Weiter hinten stelle ich drei solcher Tools vor.
- **Vorbereitung des Online-Boards:**
  Auch das Online-Board muss entsprechend vorbereitet werden, z.B. indem man die Agenda dort anzeigt. Ein Online-Board wird wie ein reales Board oder Flipchart behandelt.
- **Mehr Vorbereitungszeit:**
  Aus Erfahrung kann ich sagen, dass die Vorbereitung einer verteilten Retrospektive wesentlich mehr Zeit in Anspruch nimmt als eine normale Retrospektive. Man muss also genug Zeit dafür einplanen.

Wenn man sich an diese Checkliste hält, hat man zumindest die Grundlage für eine potenziell erfolgreiche Retrospektive gelegt.

Praxistipp

Es soll immer noch Teams geben, die ohne die oben genannten Werkzeuge auskommen müssen. In den meisten dieser Fälle steht nur eine normale Telefonkonferenzschaltung für die Kommunikation zur Verfügung. Das bedeutet, dass man auf elektronische Tools für die visuelle Kommunikation verzichten muss. In solchen Fällen ist es ratsam, dass man vor der Retrospektive ein Dokument an alle Teilnehmer per E-Mail verteilt. Dieses Dokument beinhaltet die folgenden Dinge:

→

- Die Agenda
- Die Beschreibung der einzelnen Aktivitäten
- Platzhalter, um die (visuellen) Aktivitäten lokal durchzuführen

Hier ist ein fähiger Facilitator noch viel wichtiger, da dieser nur über die Stimme die Retrospektive leiten kann. In einer solchen Retrospektive sind vor allem die in Abschnitt 4.1 beschriebenen Techniken hilfreich (z.B. Stapeln, Paraphrasieren, Emotionen zurückmelden usw.)

8.1.2 Teams mit einzelnen verteilten Mitarbeitern

Oft verstärken sich Teams, indem sie einen oder mehrere Freelancer einkaufen. Diese arbeiten die meiste Zeit in ihrem Büro zu Hause. Im besten Fall kommen diese Teammitglieder alle paar Wochen in die Firma, um mit den anderen zusammenzuarbeiten. Dies sind die optimalen Zeitpunkte, um eine Retrospektive durchzuführen, da alle am gleichen Ort sind.

Es kommt aber auch vor, dass diese einzelnen Teammitglieder keine Möglichkeit haben, regelmäßig ins Hauptbüro zu kommen. Das hat meist einen der beiden Gründe:

- Die Reisekosten werden nicht bezahlt oder sind sehr hoch.
- Das Teammitglied ist immobil, z.B. durch eine Behinderung.

Der Hauptnachteil von solchen Teams ist, dass das einzelne Teammitglied oft unterbewusst nicht als Teil des Teams gesehen wird. Dies liegt häufig daran, dass die Kommunikationsstrukturen nicht vorhanden sind oder nicht genutzt werden. Man kommuniziert nur mit dem externen Teammitglied, wenn man dazu gezwungen ist, wie z.B. beim Daily Standup. Und dies ist ganz natürlich. Es fällt viel leichter, eine Konversation zu starten, wenn derjenige vor oder neben einem sitzt und man nicht erst ein spezielles Tool dafür verwenden muss. Auch trifft man ein externes Teammitglied nicht zufällig am Kaffeeautomaten, um mit ihm über das vergangene Wochenende zu plaudern.

Was ist ein Daily Standup?

Ein Daily Standup ist eine täglich stattfindende Besprechung, die immer zur gleichen Zeit am gleichen Ort durchgeführt wird. Die Dauer des Daily Standup wird in den meisten Fällen auf 15 Minuten beschränkt. Damit diese kurze Besprechung nicht für langatmige Dialoge missbraucht wird, findet sie im Stehen statt, daher der Name. Ziel des Daily Standup ist es, die Planung für den Tag zu machen. Dazu erzählt jedes Teammitglied, an was es gestern gearbeitet hat, was für Aufgaben heute anstehen und ob es derzeit Probleme gibt, bei denen es Hilfe braucht. Man muss darauf achten, dass man sich nicht zu lange mit der Vergangenheit aufhält und stattdessen die Zeit nutzt, um eine vernünftige Planung für den Tag zu machen, die das Team den Projektzielen wieder einen Schritt näher bringt.

Vor Kurzem bin ich auf eine geniale Lösung für dieses Problem gestoßen. Die Firma Double Robotics[1] stellt Roboter her, die es mir ermöglichen, an einem Ort zu sein, ohne selbst dorthin zu reisen. Dafür verwenden sie ein iPad, das auf einen beweglichen Roboter gesteckt wird. Auf diesem iPad läuft eine spezielle App, mit der ich den Roboter an beliebige Orte manövrieren kann. Gleichzeitig können die anderen Teammitglieder mich auf dem Bildschirm des iPads sehen und so mit mir in Kontakt treten. Es ist also ein mobiles Videokonferenzsystem. Double ermöglicht es mir so, an allen Meetings des Teams teilzunehmen, und ich kann sogar beim Plausch an der Kaffeemaschine dabei sein. Die Akkulaufzeit beträgt 8 Stunden, ich kann also einen vollen Arbeitstag zusammen mit dem Rest des Teams verbringen. Die Lösung ist relativ günstig, wenn man sich vor Augen hält, welche Vorteile man dadurch gewinnt.

Wenn man nicht auf solche genialen Lösungen zurückgreifen kann und dazu genötigt wird, Retrospektiven zu machen, bei denen ein oder mehrere Teammitglieder allein in ihrem Büro sitzen, muss man die folgenden Dinge beachten:

- **Pairing:**
  Sorgen Sie dafür, dass jedes externe Teammitglied für die Dauer der Retrospektive einen Partner im lokalen Team zugeordnet bekommt. So stellt man sicher, dass das externe Teammitglied gut in die Retrospektive integriert wird und auch seine Stimme gehört wird.
- **Videokonferenz:**
  Wie bei der Retrospektive mit mehreren verteilten Teams sollte man auch hier ein Tool für Videokonferenzen einsetzen. Das externe Teammitglied muss das Team sehen können und umgekehrt. Auch das vermeidet, dass seine Anwesenheit im allgemeinen Trubel einer Retrospektive untergeht.
- **Online-Board:**
  Sobald nur ein Teammitglied extern ist, sollte man ein Online-Board einsetzen. So stellt man sicher, dass das externe Teammitglied alle Arbeitsergebnisse sehen und sich selbst daran beteiligen kann.

In diesen Teamstrukturen (Teams mit einzelnen externen Teammitgliedern) ist es die wichtigste Aufgabe des Facilitators, dass das externe Teammitglied nicht vergessen oder ignoriert wird, sondern gut integriert wird. Das ist auch für einen Facilitator nicht immer eine einfache Aufgabe. Wenn man sich allerdings an die obigen Punkte hält, hat man eine gute Grundlage geschaffen, dass auch diese Retrospektiven zu einem Erfolg werden. Aus meiner Sicht ist das Pairing der wichtigste Baustein dafür.

1. *http://www.doublerobotics.com/*

8.1.3 Verstreutes Team

Mittlerweile gibt es auch immer mehr Teams, die alle zu Hause in ihrem Büro sitzen anstatt gemeinsam in einem Großraumbüro. Dafür nutzen sie all die verschiedenen Werkzeuge, die online verfügbar sind, um miteinander zu kommunizieren. Ein Beispiel hierfür ist die US-Firma Automattic [Automattic], die unter anderem für Wordpress oder Gravatar verantwortlich sind. Gerade Automattic ist auch ein sehr gutes Beispiel, wie man auf E-Mails verzichten und trotzdem effektiv miteinander kommunizieren kann. Dort wird primär über Wordpress Blogs kommuniziert, die mit dem P2 Theme[2] ausgestattet sind. Diese Blogs ermöglichen den Austausch von Informationen und Ideen in Echtzeit und verhindern, dass wichtige Informationen in einem E-Mail-Postfach verschwinden. Zusätzlich werden Tools wie Skype oder AIM Clients eingesetzt. Gruppenkonversationen finden hauptsächlich im sogenannten IRC (Internet Relay Chat) statt, einer der ältesten Methoden, um sich im Internet zu unterhalten.

Man kann getrost davon ausgehen, dass solche Organisationen wissen, wie man in verteilten Systemen kommuniziert. Das trifft natürlich auch auf verteilte Retrospektiven zu. Trotzdem habe ich hier eine kurze Checkliste, was man in einem solchen Fall zu beachten hat:

- **Der Facilitator:**
  Es muss klar festgelegt sein, wer der Facilitator der Retrospektive ist. In der Regel ist das die Person, die zu der Retrospektive eingeladen hat. So stellt man sicher, dass es jemanden gibt, der durch die Retrospektive führt und das Team dabei unterstützt, zu sinnvollen Ergebnissen zu kommen. Auch sollte der Facilitator eine gewisse Erfahrung mitbringen, da diese Form der Retrospektive sicher zu den schwierigsten gehört.
- **Interaktive Aktivitäten:**
  Bei solch verteilten Retrospektiven läuft man immer Gefahr, dass sich die ein oder andere Person »abseilt« oder mental nicht mehr präsent ist. Deshalb achtet man darauf, dass alle gewählten Aktivitäten einen interaktiven Anteil haben, bei denen die Teilnehmer aktiv werden müssen. Vermeiden Sie bei verstreuten Teams Aktivitäten, die primär mündlich stattfinden. Ab einer gewissen Anzahl von Personen wird das schnell unproduktiv.
- **Online-Board:**
  Natürlich muss es auch in einem solchen Fall ein Online-Board geben, das die primäre, visuelle Kommunikationsplattform bildet. Da niemand mit einem anderen Teammitglied in einem Raum sitzt, braucht man ein virtuelles Whiteboard.

---

2. *http://p2theme.com/*

- **Videokonferenz:**
  Selbstverständlich sollte man auch hier eine Videokonferenzlösung einsetzen. Rein akustische Retrospektiven sind hier nur sehr schwer durchführbar.

Diese Punkte sind sicher noch keine Garanten für erfolgreiche, verteilte Retrospektiven, aber sie bilden die Basis dafür. Im nächsten Unterkapitel gebe ich ein paar allgemeinere Tipps, die dabei helfen können, verteilte Retrospektiven zu einem Erfolg zu machen.

8.2 Die richtigen Tools

Retrospektiven, die nur auf Gesagtem und Gehörtem basieren, also rein akustisch ablaufen, sind schon in lokalen Retrospektiven suboptimal. In verteilten Retrospektiven ist diese Form der Retrospektive noch viel schwieriger. Deshalb ist das wichtigste Werkzeug in verteilten Retrospektiven, meiner Meinung nach, die Visualisierung. Diese kann entweder durch den Einsatz von grafischen Vorlagen während der Retrospektive realisiert werden, die den Teilnehmern vor dem Start der Retrospektive zugesendet werden, oder durch den Einsatz eines Onlinetools, das den Teilnehmern gestattet, miteinander visuell zu interagieren. Mit dem Einsatz von visuellen Tools ist es meiner Ansicht nach um ein Vielfaches einfacher, die Teilnehmer bei der Stange zu halten.

Ein weiterer Pluspunkt jeder verteilten Retrospektive ist es, wenn sich alle Teilnehmer gegenseitig sehen können. In der heutigen Zeit von Skype und Google Hangout stellt dies zum Glück auch immer weniger ein Problem dar. Am besten sind natürlich Tools, die beide Elemente miteinander kombinieren. In den nächsten Unterkapiteln stelle ich ein paar Werkzeuge vor, die in verteilten Retrospektiven verwendet werden können. Es gibt natürlich noch weit mehr Werkzeuge, die online zur Verfügung stehen u.a. auch jede Menge kostenpflichtige. Es besteht auch die Gefahr, dass die unten aufgeführten Werkzeuge in ein paar Monaten/Jahren nicht mehr zur Verfügung stehen. Trotzdem möchte ich drei Kandidaten vorstellen, die mir persönlich schon ein wenig ans Herz gewachsen sind.

Praxistipp

Egal für welches Werkzeug Sie sich entscheiden, probieren Sie es unbedingt vorher einmal aus. Sie müssen Ihr Werkzeug genau kennen, denn nur so können Sie es effektiv in Ihren Retrospektiven einsetzen.

8.2.1 Web Whiteboard[3]

Wie der Name schon suggeriert, handelt es sich bei diesem Werkzeug um ein virtuelles Whiteboard. Dieses Whiteboard bietet alle Funktionen realer Whiteboards:

- Post-its aufhängen und verschieben
- Zeichnen
- Schreiben

Es ist also ein toller Ersatz, wenn man nicht gemeinsam in einem Raum sitzt. Ein Whiteboard wird ganz einfach über einen Link geteilt. Jeder, der diesen Link hat, kann auf dem Whiteboard arbeiten. Wenn man möchte, kann man das Board aber auch mit einem Passwort schützen. Man kann dieses Whiteboard wie ein normales Whiteboard verwenden, indem man z.B. die Agenda darauf schreibt oder die Post-its einer Brainstorming-Runde darauf anbringt. Es ist also in jeder Phase einer Retrospektive einsetzbar. Natürlich hat dieses Tool auch ein paar Nachteile:

- Um das Board mit einem Passwort zu schützen, ist ein Google Account erforderlich. Außerdem soll die Funktion zukünftig eine Premiumfunktion werden, also kostenpflichtig werden.
- Zusätzlich zu diesem Tool braucht man noch eine Möglichkeit, miteinander zu sprechen, also z.B. eine Telekonferenzlösung oder Tools wie Skype.

Trotz all dieser Nachteile hat sich Web Whiteboard schon mehrfach als effektives und einfach zu bedienendes Werkzeug erwiesen. Da es eine Webapplikation ist, ist keine Installation notwendig. Es ist nicht überladen und bietet all das, was ich für eine Retrospektive benötige.

8.2.2 Stormz Hangout[4]

Stormz Hangout basiert auf Googles Hangout und bringt somit schon von Haus aus eine Menge mit, wie z.B. Videokonferenzen, Chat, Desktop Sharing und mehr. Zusätzlich zu den Basisfunktionalitäten baut die Applikation ein Rahmenwerk, das durch eine Retrospektive führen soll. Das Tool ist derzeit kostenfrei.

Wenn man eine neue Retrospektive aufsetzen möchte, wird man zuerst nach dem Namen für die Retrospektive und einer genaueren Beschreibung gefragt. Die genauere Beschreibung ist optional. Dann kann man die Teilnehmer zu der Retrospektive einladen. Dabei spielt es keine Rolle, ob die Teilnehmer einen Google Account haben oder nicht. Sobald alle eingeladenen Teilnehmer anwesend sind, startet die eigentliche Retrospektive, die hier in fünf Schritten abläuft.

---

3. *http://webwhiteboard.com*
4. *http://stormzhangout.com/*

1. Zuerst soll man alle Ereignisse, die während der letzten Iteration aufgetreten sind (sowohl positive als auch negative), auf virtuelle Karten schreiben. Für jedes Ereignis wird eine Karte erstellt, die für alle anderen sichtbar wird.
2. Nun bekommt man Zeit, alle Karten anzusehen und darüber zu diskutieren. Gleichzeitig kann man diesen Schritt nutzen, um Cluster zu erstellen und die Karten entsprechend zuzuordnen.
3. Im dritten Schritt hat man dann die Möglichkeit, virtuelle 100 $ auf die Karten zu verteilen, um die wichtigsten Themen zu selektieren.
4. Im darauffolgenden Schritt bekommt man jeweils eine Karte angezeigt, auf die man eine mögliche Verbesserung für das jeweilige Thema schreiben soll.
5. Hier endet der Standardprozess, man kann aber beliebig viele weitere Schritte anhängen.

Jeder dieser Schritte ist editierbar und kann auf die jeweilige Situation angepasst werden. Aber dieses Tool hat auch ein paar Nachteile:

- Die Phasen »Den Boden bereiten« und »Einsichten gewinnen« werden komplett ignoriert. Natürlich kann man diese auch anders durchführen, aber dies wird nicht von Stormz Hangout unterstützt.
- Man kann die einzelnen Verbesserungen auf den Karten nicht einzeln bewerten. Man kann immer nur eine gesamte Karte bewerten. Stehen dort mehr als eine Verbesserung, muss man sich anders behelfen, z.B. mit Kommentaren auf der Karte.
- Der Prozess ist recht starr vorgeben und lässt sich nur bedingt anpassen.

Trotz all dieser Nachteile ist es ein interessantes Werkzeug, um eine verteilte Retrospektive durchzuführen. Für eine dauerhafte und regelmäßige Verwendung ist es aber meines Erachtens zu unflexibel.

8.2.3 Lino[5]

Das letzte Werkzeug im Bunde, das ich an dieser Stelle vorstellen möchte, ist Lino. Lino ist eine Art virtuelle Korktafel, auf der sich Post-its, Fotos, Filme und andere Anhänge frei verteilen lassen. Sie sind dann für alle sichtbar, die die URL zum Board haben. Wie beim Web Whiteboard gibt es hier keinen vorgegebenen Prozess, man kann Lino also so einsetzen, wie man es benötigt, z.B. für die Agenda oder das Sammeln von Ideen. Allerdings hat Lino gegenüber den anderen beiden Werkzeugen einen entscheidenden Nachteil: Man kann sein Board nicht so einfach schützen. Man kann es zwar als »Privat« deklarieren, aber dann können andere Teilnehmer das Board nicht mehr sehen. Gerade in größeren Unternehmen wird dies ein Grund sein, warum das Tool nicht eingesetzt werden kann. Man kann das Board natürlich nach der Retrospektive löschen, aber dann gehen

5. *http://linoit.com*

die Ergebnisse verloren. Trotz allem ist Lino ein einfaches und effektives Werkzeug, um verteilte Retrospektiven visuell zu unterstützen.

8.3 Allgemeine Tipps für verteilte Retrospektiven

Nachfolgend möchte ich ein paar Tipps geben, die generell bei verteilten (und manchmal auch lokalen) Retrospektiven helfen können. Sie sind bei allen der weiter oben beschriebenen Fälle einsetzbar.

Halten Sie es kurz

Auch wenn Sie ein genialer Facilitator sind, werden Sie Mühe haben, eine rein virtuelle Retrospektive über längere Zeit interessant zu gestalten. Es ist sehr schwierig, den Energielevel über die gesamte Zeit oben zu halten, wenn man nicht gemeinsam in einem Raum sitzt. Deshalb sollte eine verteilte Retrospektive so kurz wie möglich sein. Länger als eine Stunde kann man die Teilnehmer nur selten bei der Stange halten. Wenn Sie eine längere Retrospektive planen, ist es sinnvoller, alle Teammitglieder an einem Ort zu haben.

Zeitfenster einhalten

Kommunizieren Sie die Agenda mit den genauen Zeiten für die einzelnen Aktivitäten an alle Teilnehmer. Diese Zeitfenster sollten Sie dann während der Retrospektive genau einhalten. So stellen Sie sicher, dass Sie nach einer Stunde pünktlich aufhören können.

Stapeln

In einer verteilten Retrospektive, bei denen die Teilnehmer eventuell nur gehört werden können, ist es extrem wichtig, dass man dafür sorgt, dass alle zu Wort kommen und keiner vergessen wird. Dafür eignet sich z.B. die Stapeltechnik aus Abschnitt 4.1.

Vorbereitung der Teilnehmer

Besonders wenn die Retrospektive unter einem speziellen Thema läuft, sollte dieses Thema vorab allen Teilnehmern mitgeteilt werden. Dies ermöglicht es den Teilnehmern, sich auf die Retrospektive vorzubereiten. Retrospektiven werden dadurch um einiges effektiver und man ist eher in der Lage, das vorgegebene Zeitfenster einzuhalten.

Kommunikationstools effektiv einsetzen

Werden Sie ein Experte für all die Kommunikationstools, die Ihnen in Ihrer Organisation zur Verfügung stehen. Gerade in größeren Organisationen sind häufig professionelle Werkzeuge verfügbar, wie z. B. ein Cisco-Konferenzsystem, digitale Whiteboards (z. B. von 3M), Online-Kollaborationssoftware (wie z. B. Basecamp) oder Online-Konferenzwerkzeuge (wie z. B. WebEx oder GoTo Meeting). Lernen Sie all die nützlichen Funktionen dieser Werkzeuge kennen, sodass Sie diese schnell und effektiv in Ihren Retrospektiven einsetzen können.

Regelmäßige Treffen

Trotz all der Verteilung ist es sinnvoll, dass sich das Team regelmäßig trifft. Ein jährliches Treffen kann schon vollkommen ausreichend sein. Es ist schlicht und einfach ein Fakt, dass wahre menschliche Verbundenheit nur dann entsteht, wenn man sich einmal persönlich getroffen hat. Mit einer Person, mit der man schon einmal gefeiert hat, hat man auch bessere Retrospektiven.

9 Alternative Vorgehensweisen

In diesem Kapitel werden Beispiele für alternative Denkmodelle und Vorgehensweisen aufgezeigt, die in Retrospektiven angewendet werden können. Diese halten sich nicht zwingend an das Phasenmodell für Standardretrospektiven und gehen z.T. völlig andere Wege. Die Ideen in diesem Kapitel sollen dabei helfen, Retrospektiven noch interessanter zu gestalten.

9.1 Arbeitsretrospektiven

Anfang 2013 bin ich über einen Blogartikel von Yves Hanoulle gestolpert [Hanoulle 2013], in dem er eine besondere Form der Retrospektive beschreibt, die Arbeitsretrospektive. Wie viele andere Retrospektiven-Facilitatoren ist er schon häufiger Teams begegnet, die keine Lust mehr auf Retrospektiven haben. In den meisten Fällen werden die folgenden Punkte bemängelt:

- Nie ändert sich etwas wirklich.
- Warum sind es immer nur wir, die sich verändern sollen?
- Nie bekommen wir die Zeit, unsere neuen Ideen umzusetzen.

Die Grundidee hinter der Arbeitsretrospektive ist, genau diese Punkte innerhalb einer Retrospektive anzugehen.

9.1.1 Den Boden bereiten

Diese Phase verläuft noch wie in jeder anderen Retrospektive auch. Jede Aktivität, die man dazu verwenden kann, ist hier richtig. Yves Lieblingsaktivität (Anfang 2013) ist das sogenannte »Check-in«. Dies läuft in folgenden Schritten ab:

1. Die jeweilige Person sagt »Ich bin [ein oder mehrere von SAUER, TRAURIG, GLÜCKLICH, ÄNGSTLICH]«. Wenn die Person möchte, kann sie auch noch eine kurze Erklärung dazu abgeben. Es ist aber auch erlaubt, einfach »Ich passe« zu sagen. Hier ein Beispiel: »Ich bin sauer, weil Hans schon wieder nicht pünktlich zur Retrospektive kam.«

2. Am Ende sagt die jeweilige Person: »Ich bin drin.«
3. Alle anderen sagen: »Willkommen.«

Wer mehr über diese Aktivität wissen möchte, kann dies auf dem Blog von Jim und Michele McCarthy nachlesen [McCarthy & McCarty 2010].

9.1.2 Aufgaben sammeln

Im Gegensatz zum normalen Ablauf einer Retrospektive, bei der jetzt die Daten der letzten Wochen gesammelt werden, verfolgt die Arbeitsretrospektive einen anderen Ansatz. Die Teilnehmer werden aufgefordert ein oder zwei Aktionen auf Post-its zu schreiben, die aus ihrer Sicht angegangen werden müssen und innerhalb einer Stunde erledigt sein können. Dafür bekommen sie fünf Minuten Zeit. Anschließend stellt jeder seine Ideen kurz vor. Hier muss man darauf achten, dass jeder an die Reihe kommt und maximal zwei Ideen vorstellt.

Danach sucht sich jeder einen Partner und eine Aufgabe, die sie gemeinsam angehen wollen. Manche suchen sich zuerst einen Partner, andere suchen sich zuerst die Aufgabe. Beides ist zulässig.

9.1.3 Arbeitsphase

Jetzt beginnt die eigentliche Arbeitsphase der Arbeitsretrospektive. Jedes Paar bekommt exakt eine Stunde, um an seiner Aufgabe zu arbeiten. Eine Stunde ist ziemlich kurz, trotzdem müssen die einzelnen Teams versuchen, ihre Aufgabe in kleinen Schritten durchzuführen. Egal wie das Ergebnis nach einer Stunde aussieht, alle Teilnehmer der Arbeitsretrospektive treffen sich wieder nach einer Stunde, um ihre Ergebnisse zu präsentieren. Dazu bekommt jedes Paar maximal 5 Minuten Zeit.

9.1.4 Erfahrungen

An dieser Stelle möchte ich die Erfahrungen von Yves selbst wiedergeben:

> *In den meisten Teams gibt es Leute, die diese Form der Retrospektive hassen. In vielen Fällen sind dies die gleichen Leute, die sich vorher darüber beschwert haben, dass sie nie die Zeit dafür bekommen, an einer Idee zu arbeiten. Ich ignoriere diese Leute in dieser Übung. Es gelten die gleichen Regeln für alle.*
>
> *Gewöhnlich ist ungefähr die Hälfte des Teams in der Lage, etwas Nützliches vorzuweisen. Und wenn das passiert, erfährt jeder im Team, dass es möglich ist. Und nicht ich bin es, der sie davon überzeugt hat, sondern ihre eigenen Teammitglieder.*
>
> *In einem Fall hatte ich ein Team, das sich bereits seit drei Monaten darüber beschwerte, dass seine Webseite instabil war aufgrund von insta-*

bilen Webservices. Ein Paar schaffte es, in einer Stunde über 60 Aufrufe von Webservices zu identifizieren und davon 40 zu korrigieren. Diese Verbesserung war innerhalb von einer Stunde einsatzbereit. Am nächsten Tag nahm sich einer der Entwickler die Zeit, die restlichen 20 Aufrufe zu korrigieren. Innerhalb der gleichen Woche hatte sich unsere Arbeit bereits bezahlt gemacht, da unsere Tester weniger Zeit beim Testen verloren.

Es gibt fast jedes Mal ein Paar, das nicht bereit für die Demo ist. Sie arbeiten weiter, während die anderen Teammitglieder ihre Ergebnisse präsentieren. Ich machen ihnen klar, dass sie ihre Sachen nicht zeigen dürfen, wenn sie weiter machen. Ich mache das, um ihre Aufmerksamkeit wieder auf ihre Teammitglieder zu richten, die in der Lage waren, ihre Arbeitspakete in kleinere Pakete aufzuteilen.

Manchmal gibt es auch ein Paar, das schummelt und etwas zeigt, an dem sie schon viel länger im geheimen gearbeitet haben. Ich lasse sie immer gewähren. Zumindest ist es jetzt kein geheimes Projekt mehr. Man sollte immer daran denken, dass es kein Wettbewerb ist. Es geht darum, ein Problem zu lösen [Hanoulle 2013].

Ich selbst bin ein großer Fan dieser Form von Retrospektive. Es ist sicher keine Retrospektive, die man häufig durchführen kann, aber es ist eine Retrospektive, bei der man viel lernen kann. Wenn es gut läuft, lernen die Teammitglieder, was man alles in kurzer Zeit bewegen kann. Und wenn es noch besser läuft, haben sie in der kurzen Zeit etwas zustande gebracht, das von größerer Bedeutung für das Team ist. Bei solchen Arbeitsretrospektiven sind es oft kleine Dinge, die man schon länger vor sich hergeschoben hat und wofür man sich jetzt endlich einmal die Zeit nimmt. Und es ist doch immer ein gutes Gefühl, wenn man wieder etwas von seiner Aufgabenliste streichen kann. Probieren Sie es mal aus, ich bin gespannt auf Ihr Feedback.

Praxistipp

Verwenden Sie diese Retrospektive vor allem dann, wenn scheinbar keine Zeit ist. Auf diese Weise können zumindest ein paar kleine Verbesserungen implementiert werden, die eventuell einen größeren Effekt haben als ursprünglich angenommen.

9.2 Glückskeks-Retrospektive

Vor ein paar Jahren bin ich auf eine witzige Idee von einem Agile Coach aus den USA gestoßen. Adam Weisbart hatte entdeckt, dass die besten Retrospektiven, an denen er teilgenommen hatte, zwei Dinge beinhalteten:

1. Fragen, die zum Denken anregen
2. Etwas zu essen

Er kam zu dem Schluss, dass gute Retrospektiven diese beiden Dinge in den Mittelpunkt stellen sollten. Da er außerdem ein großer Fan von chinesischem Essen ist, kam ihm irgendwann die Idee zu seiner Glückskeks-Retrospektive.

Wer kennt sie nicht, die leckeren Glückskekse, die einem in fast jedem chinesischen Restaurant als Nachtisch gereicht werden. Der Clou dieser Kekse ist, dass sie im Inneren einen Zettel aufbewahren, der einem sein Schicksal voraussagt, wie z.B. »Es stehen große Veränderungen bevor« oder »Bald steht ein Geldsegen ins Haus«. Statt diesen sinnfreien Sprüchen enthalten Adams Glückskekse gezielte Fragen an das Team. Diese Fragen sollen das Team zum Nachdenken anregen. Was mir besonders an seinen Fragen gefällt, ist der Fokus auf das Team selbst. Oft gibt es Teams, die die Probleme immer außerhalb sehen, anstatt sich auf sich selbst zu konzentrieren. Der Ablauf einer Glückskeks-Retrospektive ist wie folgt:

1. Jeder Teilnehmer bekommt einen Glückskeks.
2. Danach werden die Kekse der Reihe nach geöffnet und der jeweilige Teilnehmer liest seine Frage vor und beantwortet diese. Man kann den Teilnehmern auch 5 Minuten Zeit geben, um ihre Antworten schriftlich zu verfassen.
3. Die Aufgabe des Facilitators ist es, mit gezielten Fragen noch mehr zu erfahren oder andere Teilnehmer nach ihrer Meinung zu fragen.

Die Ergebnisse dieser Fragerunde können dann für den weiteren Verlauf der Retrospektive verwendet werden. Deshalb bevorzuge ich es auch, dass die Teilnehmer ihre Antworten auf Post-its schreiben und sie später an ein Whiteboard hängen. Beim Aufhängen der Post-its erzählen die Teilnehmer, was hinter ihrer Antwort steckt.

Diese Form der Retrospektive ist eine nette Abwechslung, wenn man mal etwas ganz anderes mit seinem Team machen möchte. Ich habe sie schon ein paarmal durchgeführt und meine Teilnehmer hatten jedes Mal eine Menge Spaß. Die passenden Glückskekse kann man übrigens online bei Adam Weisbart [Weisbart] bestellen. Die Versandkosten sind zwar recht hoch, aber ich habe noch keinen günstigeren Weg gefunden, zu solchen Glückskeksen zu kommen. Einschlägige Hersteller von Glückskeksen verlangen zum Teil 2 Euro und mehr für einen(!) Glückskeks. Wenn man genug Muse hat, kann man sie aber auch selbst herstellen [Kekse].

9.3 Powerful Questions

»Powerful Questions« oder auf Deutsch »Machtvolle Fragen« sind eigentlich ein Werkzeug aus dem Coaching. Gemeint sind offene Fragen, die das Gegenüber zum Nachdenken bringen sollen. Sie sollen per se nicht einfach zu beantworten sein und den Befragten dazu bringen, alte Gewohnheiten, Abwehrhaltungen oder Annahmen neu zu überdenken. Generell kann man sagen, dass Fragen mit warum, was oder wie machtvoller sind als Fragen, die mit wer, wann oder wo beginnen. Am wenigsten machtvoll sind Fragen, die mit wessen beginnen oder reine Ja/Nein-Antworten implizieren. Man kann also sagen, dass solche Fragen als machtvoll gelten, die eine ausführlichere Antwort erfordern. Nicht umsonst sind kleine Kinder meisterhafte Experten beim Einsatz der Warum-Frage.

Der Trick beim Einsatz einer machtvollen Frage besteht darin, nicht den einfachen Weg zu gehen und eine schwache Frage zu stellen. Dies führt sehr häufig zu kurzen und einfachen Antworten, die einen nicht weiterbringen. Ein anderer oft gemachter Fehler ist es, eine Warum-Frage zu stellen, die darauf abzielt, jemandem eine Schuld an einer Sache zu geben. Das kann dazu führen, dass sich das Gegenüber verteidigt, anstatt in eine konstruktive Diskussion einzusteigen.

Beispiel

- Trigger:
  Ein Teammitglied hackt schon wieder auf etwas herum, das schon Monate her ist.
- Schwache Frage:
  Warum sprechen wir schon wieder über dieses Thema? (Impliziert: Hör auf damit!)
- Machtvolle Frage:
  Was können wir daraus lernen?

Machtvolle Fragen können auch ein sehr guter Einstieg in eine Retrospektive sein. Sie können z. B. das Thema der Retrospektive vorgeben oder während einer Retrospektive eingesetzt werden. Hier ein paar Beispiele für machtvolle Fragen, die man als Kickstarter in seinen Retrospektiven einsetzen könnte:

- Was könnte man ohne Verluste weglassen?
- Was funktioniert bereits, auf dem du aufbauen kannst?
- Was würde dein Held sagen?
- Was ist die Leitmelodie für heute?
- Was bleibt unausgesprochen?
- Was bringt den meisten Mehrwert?
- Was würde eine weise Person in dein Ohr flüstern?
- Was ist das Schlimmste, was passieren kann?
- Wie können wir die Risiken minimieren?
- Wie wird unser Team von außen wahrgenommen?
- Wie können wir eine Umgebung des Lernens schaffen?
- Wie oft haben wir unser dringlichstes Problem zur Seite geschoben?

Keine der oben genannten Fragen lässt sich ohne großes Überlegen beantworten. Bei manchen der Fragen scheint erst einmal nicht klar zu sein, um was es eigentlich geht. Alle diese Fragen versuchen das Team oder die Person von seinen ausgetretenen Pfaden wegzulocken, um neue Wege zu gehen. Und genau deshalb sind sie auch so gut geeignet, um in einer Retrospektive neue Ideen zu entwickeln.

Machtvolle Fragen kam man dazu verwenden, um sie in der Phase »Daten sammeln« einzusetzen. Dazu stellt man beispielsweise die Frage: »Was ist das Schlimmste, was uns im Augenblick passieren kann.« Jetzt bekommen alle Teilnehmer Post-its und sammeln gemeinsam Antworten auf diese Frage. Der Facilitator liest dann die einzelnen Antworten vor und stellt Fragen, wenn weitere Erklärungen notwendig sind. Zusammen einigt man sich dann auf die drei schlimmsten Dinge, die man proaktiv angehen möchte. Jetzt geht man über in die Phase »Einsichten gewinnen« und bildet drei Gruppen, wobei jede Gruppe sich einer anderen Antwort annimmt und nach möglichen Ursachen sucht. Am Ende stellt jede Gruppe ihre Ergebnisse vor, um dann in der Phase »Experimente und Hypothesen definieren« nach möglichen Wegen zu suchen, die das Schlimmste verhindern.

Je nach Art und Inhalt der Frage lassen sich völlig unterschiedliche Retrospektiven daraus entwickeln. Im oben genannten Beispiel war es eine Retrospektive auf der Basis der am schlimmsten anzunehmenden Dinge, die dem Projektteam passieren können. Daraus können am Ende proaktive Maßnahmen erarbeitet werden. Hätte man die Frage: »Was funktioniert bereits, auf dem du aufbauen kannst?« gewählt, so hätte sich der Fokus der Retrospektive in eine völlig andere Richtung verschoben. In diesem Fall hätte man nach guten Dingen gefahndet, die man noch besser machen kann. Machtvolle Fragen sind also ein gutes Werkzeug, um Retrospektiven ein wenig anders zu gestalten und – manchmal auch – um an bestehenden Strukturen und Prozessen zu rütteln.

10 Typische Probleme und Fallstricke

Wie bei allen Dingen im Leben gibt es auch bei Retrospektiven den einen oder anderen Fallstrick und typische Probleme, auf die man vorbereitet sein sollte. Diese Dinge können einem das Leben ganz schön schwer machen und den Erfolg einer Retrospektive maßgeblich beeinflussen. In diesem Kapitel werde ich einige dieser Fallstricke und Probleme vorstellen und mögliche Lösungen erörtern.

10.1 Schlechte Vorbereitung

Es gibt Menschen, die halten eine Retrospektive für eine Besprechung wie jede andere Besprechung auch. Es reicht also, eine Einladung zu verschicken, sich in einen Raum zu setzen, und schon geht es los. Andere Menschen glauben, dass es genügt, die Retrospektive mit einer einfachen Frage durchzuführen, wie z.B. »Was wollt ihr in der nächsten Iteration besser machen?«. Wie Sie bereits gelesen haben, ist das natürlich Quatsch. Eine Retrospektive hat mit einer Besprechung wenig gemeinsam. Vielmehr ist eine Retrospektive ein Workshop, der gut vorbereitet sein will. Wenn man etwas Erfahrung als Retrospektiven-Facilitator hat, kann man sicher mal eine Retrospektive aus dem Hut zaubern, ohne allzu viel vorzubereiten. Aber die Regel ist das nicht. Wer das Bestmögliche aus einer Retrospektive rausholen will, muss eine gewisse Zeit in die Vorbereitung stecken. Eine gute Vorbereitung ist schon die halbe Miete. Man merkt einem Facilitator sofort an, ob er die Retrospektive sorgfältig vorbereitet hat und Lust darauf hat, mit dem Team tolle Ergebnisse zu erarbeiten. Und das wirkt sich auch entsprechend auf die Teilnehmer aus. Man fühlt sich als Teilnehmer sofort wohler, wenn der Raum mit viel Sorgfalt vorbereitet wurde. Solch ein Raum hat eine ganz andere Energie. Auch muss man sich klarmachen, dass die meisten Menschen im Beruf nur sehr selten an einem gut vorbereiteten und durchgeplanten Workshop teilgenommen haben. Man darf den ersten Eindruck nie unterschätzen. Um es kurz zu machen: Eine schlecht vorbereitete Retrospektive schadet nicht nur dem Team, sondern auch Ihnen selbst. Zusätzlich sinkt die Wertschätzung für die Retrospektive an sich und man wird es in der Zukunft umso schwerer haben, jemand für die Durchführung einer weiteren Retrospektive zu gewinnen. Vergessen Sie nie: Den größten Nutzen bekommen Sie nur, wenn Sie eine Retrospektive in regelmäßigen, möglichst kurzen Abständen wiederholen.

10.2 Viel diskutiert, aber keine Ergebnisse

Wer kennt sie nicht, die endlosen Besprechungen ohne klare Ergebnisse? Es wird die ganze Zeit diskutiert und diskutiert und irgendwann ist die Zeit um. Das hat zur Folge, dass man vielleicht zwar wertvolle Diskussionen geführt hat, wenn man sie aber nicht in Ergebnisse ummünzen kann, dann helfen sie niemanden. Das Gleiche trifft auch auf Retrospektiven zu. Ergebnislose Retrospektiven können mehrere Ursachen haben:

1. Gegensätzliche Meinungen
2. Entscheidungsschwäche
3. Keine klaren Zeitrahmen

10.2.1 Gegensätzliche Meinungen

Vor einigen Monaten habe ich eine Projektretrospektive geleitet, bei der das letzte Jahr eines Projekts beleuchtet werden sollte. Die ganze Retrospektive verlief im Großen und Ganzen gut, bis wir zur vorletzten Phase kamen: der Definition der nächsten Experimente. Nach einem erfolgreichen Brainstorming kam es zu Problemen, als wir uns auf die tatsächlichen nächsten Schritte einigen wollten. Dazu muss man wissen, dass es im Team schon länger einen schwelenden Konflikt gab. Eines der Teammitglieder war mit dem bisherigen Vorgehen nicht mehr einverstanden und wollte das Team anders organisieren. Hierbei ging es nicht nur um eine kleine Änderung, sondern um eine grundlegende Restrukturierung. Schnell kristallisierte sich heraus, dass es primär zwei Personen im Team gab, die gegensätzlicher Meinung waren: der Teamleiter, der das bisherige Modell beibehalten wollte, und ein Teammitglied, das erst seit Kurzem Teil des Teams war. Nachdem ich den beiden eine Weile zugehört hatte und sich die Diskussion immer weiter im Kreis drehte, stoppte ich die Diskussion. Im ersten Schritt gab ich die beiden gegensätzlichen Meinungen wieder, so wie ich sie verstanden hatte. Dann machte ich den Vorschlag, beide Dinge nacheinander für einen festgelegten Zeitraum auszuprobieren, sich danach wieder zu treffen und auszuwerten, welches Modell besser funktioniert hatte. Damit waren beide Parteien einverstanden und die Retrospektive konnte erfolgreich beendet werden.

Praxistipp

Wenn man als Facilitator merkt, dass sich in einer Retrospektive zwei komplett komplementäre Meinungen gebildet haben und das Team nicht in der Lage ist, sich auf einen Weg zu einigen, muss man die Diskussion stoppen. Im ersten Schritt gibt man beide Positionen so wieder, wie man sie selbst verstanden hat. Dann sucht man nach möglichen Gemeinsamkeiten. Oft gibt es nämlich mehr Gemeinsamkeiten, als man denkt. Auf der Basis dieser Gemeinsamkeiten kann ein Team dann die nächsten Schritte definieren.

Sollte das nicht möglich sein, schlägt man den oben geschilderten Weg ein. Dabei macht man allen Teilnehmern klar, dass niemand mit Sicherheit sagen kann, dass sein Modell oder sein Lösungsvorschlag der bessere ist. Das lässt sich nur feststellen, wenn man es ausprobiert. Im Endeffekt sind es wie immer nichts anderes als Experimente, deren Hypothese es zu prüfen gilt. Beide Lösungsvorschläge kommen für einen vorher festgelegten Zeitraum auf den Prüfstand. Nachdem man beide Varianten ausprobiert hat, kommt man wieder zusammen und vergleicht die Ergebnisse. Auf der Basis dieser Ergebnisse kann man dann die nächsten Schritte definieren. Es kann sogar passieren, dass keine der beiden Varianten zielführend war und man einen komplett anderen Weg einschlagen muss.

Auf diese Art und Weise bekommt jede Partei die Chance, ihre Lösungsvariante auszuprobieren und zu zeigen, dass ihre Variante die bessere ist. Jeder hat das Gefühl, dass er gehört wurde, was auch für die zukünftige Zusammenarbeit förderlich ist.

10.2.2 Entscheidungsschwäche

Wer kennt sie nicht: die dysfunktionalen Besprechungen, die sich immer im Kreis drehen, bei denen man aber nie zu klaren Ergebnissen kommt. Und wenn es dann Entscheidungen gibt, sind diese nicht ohne Weiteres durchführbar und eher ein Alibi denn eine konkrete Maßnahme. Diese Besprechungen kann man vor allem in Unternehmen beobachten, bei denen jegliches Vertrauen verloren gegangen ist. Nach meiner Erfahrung treten solche Situationen eher bei größeren Firmen auf.

Praxistipp

Eine Aufgabe des Facilitators ist es, diese Situationen zu vermeiden. Es ist extrem wichtig, dass man als Facilitator darauf achtet, genug Zeit für den Entscheidungsprozess, also die Phase »Nächste Experimente und Hypothesen definieren«, einzuplanen.

Ich habe schon oft erlebt, wie plötzlich die Zeit um war und die Retrospektive ergebnislos abgebrochen wurde. Gleichzeitig muss man darauf achten, dass diese Zeit sinnvoll genutzt wird. Dreht sich eine Diskussion nur noch im Kreis, muss man einschreiten und das bereits Gehörte paraphrasieren. Wenn möglich achtet man hier schon darauf, ausführbare Maßnahmen zu extrahieren. Manchmal ist es sinnvoll, explizit darauf hinzuweisen, dass alle Entscheidungen erst mal nichts anderes sind als Experimente. Dies kann dabei helfen, die Angst vor Entscheidungen zu nehmen. Auch der Einsatz der Hypothesen kann dabei helfen, sinnvolle Experimente zu definieren, und gleichzeitig die Basis schaffen, um in der nächsten Retrospektive zu überprüfen, ob diese einen sichtbaren Effekt hatten. Zu guter Letzt muss man darauf achten, dass ein Verantwortlicher pro Experiment definiert wird sowie ein spätester Starttermin.

10.2.3 Keine klaren Zeitrahmen

Klare Zeitrahmen für die einzelnen Phasen einer Retrospektive sind aus meiner Sicht einer der wesentlichsten Erfolgsfaktoren. Deshalb ist eine der wichtigsten Aufgaben eines Facilitators, dafür zu sorgen, dass diese vorher festgelegten Zeitrahmen genau eingehalten werden. Dies ist insbesondere bei kurzen Retrospektiven wichtig, da man ansonsten keine Chance hat, zu einem Ergebnis zu kommen. Wenn man die festgelegten Zeitfenster ständig übertritt, hat man am Ende keine Zeit mehr dafür, die nächsten Experimente festzulegen. Das führt dazu, dass man entweder gar keine oder nur schwammige Ergebnisse aufweisen kann. Halten Sie Ihre Agenda daher immer strikt ein. Zusätzlich gibt das Ihren Teilnehmern das Gefühl, dass Sie Ihre Retrospektiven effizient und zielgerichtet durchführen. Man lernt zu schätzen, dass Ihre Retrospektiven ergebnisorientiert durchgeführt und unnötige Diskussionen im Keim erstickt werden.

Praxistipp

Es gibt auch Situationen, bei der man eine Diskussion weiterlaufen lässt. Mit zunehmender Erfahrung als Facilitator bekommt man irgendwann ein Gefühl dafür, welche Diskussionen noch zielführend sind und welche sich im Kreis drehen oder gar kontraproduktiv sind. Ist eine Diskussion noch ergebnisorientiert, kann man diese also weiterlaufen lassen, muss dann allerdings die anderen Phasen entsprechend anpassen. Erfahrungsgemäß funktioniert das in langen Retrospektiven ganz gut, da man hier relativ viel Raum für Flexibilität hat. Je kürzer die Retrospektive, desto schwieriger wird es. In einstündigen Retrospektiven halte ich die festgelegten Zeiträume immer strikt ein.

Praxistipp

Damit das Einhalten der einzelnen Zeiten nicht zu extrem wirkt, muss man immer wieder auf die noch verbleibende Zeit verweisen. Dadurch motiviert man die Teilnehmer, zum Punkt zu kommen und sich im Kreis drehende Diskussionen zu beenden.

Je besser Sie es schaffen, Ihre Retrospektiven nach der zuvor festgelegten Agenda durchzuziehen, desto weniger ergebnislose Retrospektiven werden Sie haben.

10.3 Zu viele Ergebnisse

Gerade Teams, die eine Retrospektive zum ersten Mal einsetzen, tendieren dazu, sich zu viele Dinge aufzuhalsen. Am Ende der Retrospektive gibt es gleich 10 oder mehr verschiedene Vorschläge, was man in den nächsten Wochen anpacken möchte. Da fällt es schwer, sich zu entscheiden. Gleichzeitig ist ein solches Team voller Tatendrang und möchte am liebsten die ganze Welt verändern. Dabei gibt es drei Hauptprobleme.

Zum einen muss man mit Veränderungen immer sehr vorsichtig umgehen. Je mehr man verändern möchte und je größer die Veränderung selbst ist, desto höher ist der Widerstand im System. Es wird also um ein Vielfaches schwieriger, all diese Veränderungen umzusetzen. Auch wenn es im ersten Moment so scheint, als ob die Veränderung gefruchtet hat, sind die alten Prozesse und Verhaltensweisen nicht so leicht abzulegen. Viele Veränderungen sind nur oberflächlich und haben auf Dauer keinen Bestand, weil sich die alten Verhaltensmuster nach einer Weile wieder durchsetzen. Wenn man dann noch versucht, zu viele Veränderungen gleichzeitig umzusetzen, investiert man automatisch zu wenig Zeit, um die jeweilige Veränderung tief im System zu verankern.

Ein anderes Problem ist schlicht und einfach die Zeit. In den meisten Fällen arbeitet das Team an einem Projekt und kann seine Zeit nicht voll in all die Veränderungen investieren. Gegenüber den Kunden und anderen Interessengruppen ist es nur schwer zu vermitteln, wenn der Großteil der Zeit daran gearbeitet wird, die verschiedenen Veränderungen umzusetzen. Man muss sich also auf eine kleine Anzahl von Veränderungen beschränken.

Wie Sie in Abschnitt 1.3 schon gesehen haben, macht es Sinn, alle Veränderungen und Experimente mit einer Hypothese zu verbinden. Diese Hypothese soll in der nächsten Retrospektive helfen herauszufinden, ob die Maßnahme den gewünschten Effekt hatte. Wenn Sie allerdings zu viele Dinge auf einmal machen, lässt sich kaum mehr unterscheiden, welche der Maßnahmen welchen Effekt hatte. Wenn ich fünf verschiedene Medikamente gegen meine Erkältung nehme, kann ich am Ende auch nicht sagen, welches der Medikamente wirklich den Ausschlag gegeben hat, dass es mir wieder besser geht. Wenn Sie also wissen wollen, welche Maßnahme zu welchem Effekt führt, müssen Sie, wie bei einem guten wissenschaftlichen Experiment, die Anzahl der möglichen Variablen reduzieren. Nur so lässt sich ein zielgerichteter Verbesserungsprozess etablieren.

Praxistipp

Die Aufgabe des Retrospektiven-Facilitators ist es also, dem Team dabei zu helfen, die Anzahl der Experimente soweit wie möglich zu reduzieren. Am besten ist es, sich auf genau ein Experiment zu einigen. Alles über drei Experimente ist definitiv zu viel und führt auf Dauer nur zu Frustration. Eine Möglichkeit, sich auf ein Experiment zu einigen, ist die bereits vorgestellte »Mehr-Punkt-Abfrage«.

10.4 Desinteresse für (weitere) Verbesserungen

In manchen Teams kann man ein scheinbares Desinteresse für weitere Verbesserungen beobachten. Für Retrospektiven scheint jede Motivation verloren gegangen zu sein und man hat Mühe, überhaupt noch sinnvolle Ergebnisse zu erarbeiten. Wie immer ist ein solches Problem stark vom jeweiligen Kontext abhängig, weshalb ich hier sicher keine generelle Lösung beschreiben werde. Wenn ich ein solches Verhalten beobachtet habe, hatte es meist einen der folgenden Gründe:

1. Die bisher in Retrospektiven beschlossenen Verbesserungen, wurden am Ende nie umgesetzt.
2. Die beschlossenen Verbesserungen hatten keinen Effekt, nichts änderte sich.
3. Das Team bekam nicht genügend Zeit, um an den beschlossenen Verbesserungen zu arbeiten.

10.4.1 Verbesserungen werden nie umgesetzt

Dass Verbesserungen nicht umgesetzt werden, liegt in den meisten Fällen daran, dass diese Dinge im normalen Tagesgeschäft untergehen. Es bringt auch nichts, dass Verantwortliche und Deadlines definiert werden, wenn die beschlossenen Verbesserungen für niemanden mehr sichtbar sind. So spricht auch in der nächsten Retrospektive niemand mehr über die Verbesserungen, die das letzte Mal beschlossen wurden. Das Ergebnis ist Frust im Team.

Zu einer guten Retrospektive gehört eine entsprechende Nachbereitung (siehe Abschnitt 4.4). Die Ergebnisse müssen aufbereitet und sichtbar für alle im Teamraum aufgehängt werden. Ergebnisse, die in Wikis oder E-Mails verteilt werden, sind schon am nächsten Tag vergessen. Wenn das Team mit einem Board arbeitet, an dem alle für das Team geltenden Aufgaben hängen (bei Scrum das Sprint Backlog), gehören die beschlossenen Verbesserungen aus der Retrospektive ebenfalls dort hin. Nur so kann sichergestellt sein, dass das Team sie nicht aus den Augen verliert.

Praxistipp

Steht die nächste Retrospektive an, so gehören auch immer die Aufgaben aus der letzten Retrospektive mit dazu. In der Regel macht es keinen Sinn, neue Verbesserungen zu definieren, wenn die alten noch nicht abgearbeitet wurden.

10.4.2 Verbesserungen haben keinen Effekt

Viele Teams feiern vor allem in den ersten Monaten, nachdem ein kontinuierlicher Verbesserungsprozess eingeführt wurde, einen Erfolg nach dem anderen. Gerade am Anfang ist es einfach, Verbesserungspotenziale zu sehen und umzusetzen. Nachdem aber diese »low hanging fruits« geerntet wurden, gerät der Prozess ins Stocken. Man kommt scheinbar nicht mehr vom Fleck.

Als Erstes muss man verstehen, dass jede Verbesserung, jede Maßnahme, die in einer Retrospektive beschlossen wird, nichts anderes ist als ein Experiment. Im Berufsalltag hat man es in den meisten Fällen mit komplexen adaptiven Systemen zu tun, deren Verhalten sich nur sehr begrenzt vorhersagen lässt. Man kann also vorher gar nicht wissen, ob man den Effekt bekommt, den man sich vorgestellt hat. Deshalb ist es auch wichtig, dass man jedes seiner Experimente mit einer Hypothese ausstattet (siehe Abschnitt 1.3). So kann man in der nächsten Retrospektive überprüfen, ob die Maßnahme (das Experiment) aus der letzten Retrospektive den gewünschten Effekt hatte. Wenn dies nicht der Fall ist, kann man die Retrospektive dafür nutzen, ein neues Experiment zu definieren, und zwar so lange, bis man mit dem Effekt zufrieden ist und das Ziel erreicht wurde. Ein Nebeneffekt von diesem Vorgehen ist, dass die Retrospektiven ein klares Ziel haben und dadurch (wieder) zu einem wertvollen Meeting werden. Zusätzlich ist es hilfreich, wenn sich die Teammitglieder mit systemischem Denken (System Thinking) und Komplexitätsdenken (Complexity Thinking) auseinandersetzen (siehe Kap. 6), um besser verstehen zu können, wie sie das System beeinflussen können, das sie umgibt.

10.4.3 Das Team bekam nicht genügend Zeit

Oft wird auch bemängelt, dass man im Projektalltag nicht genug Zeit bekommt, um an seinen Experimenten (Verbesserungen) zu arbeiten. Die Prioritäten liegen auf anderen Aufgaben und niemand kommt dazu, wirklich etwas zu verändern.

Was man in diesem Fall ausprobieren kann, ist die sogenannte Arbeitsretrospektive (siehe Abschnitt 9.1). Sie kann helfen aufzuzeigen, dass auch kleine Verbesserungen einen Beitrag am kontinuierlichen Verbesserungsprozess haben.

10.5 Fokus auf Negatives

Es ist schon ein bisschen her, als ich in einer Retrospektive saß, die mit dem folgenden Satz begann: »Also, sammeln wir mal, was in der letzten Iteration schlecht gelaufen ist.« Keine Einleitung, nur dieser Satz. Das Team nutzte den Rest der Retrospektive, um all die negativen Dinge zu diskutieren, die ihnen in den letzten Wochen Probleme gemacht haben. Das Schlimme war, dass jede Retrospektive dieses Teams mit diesem Satz begann. Man kann sich gut vorstellen, dass dabei nur schwer eine positive Atmosphäre geschaffen werden kann. Ganz zu schweigen davon, dass das Betrachten von negativen Ereignissen nur ein sehr kleiner Teil einer Retrospektive ist. Es ist gut, wenn man darauf fokussiert, Probleme zu lösen. Leider führt das jedoch oft dazu, dass man sich nur noch auf Misserfolge und Fehler konzentriert.

Ein kontinuierlicher Verbesserungsprozess ist ein evolutionärer Prozess. Das heißt zwar, dass Dinge, die nicht funktionieren, wegfallen, aber vielmehr geht es darum, die Dinge zu erhalten, die gut funktionieren, und sie immer weiter zu entwickeln. Die Giraffen sind schließlich nicht am ersten Tag mit diesen langen Hälsen herumgelaufen, sondern die längeren Hälse haben sich erst nach und nach durchgesetzt. Hätte die Evolution bei mittellangen Hälsen gestoppt, würde es heute keine Giraffen geben.

Das Gleiche will man auch mit Retrospektiven erreichen. Viele Aktivitäten, die während einer Retrospektive genutzt werden können, lassen explizit Platz für all die guten Dinge, die einem widerfahren sind. Nehmen Sie z.B. die einfache Aktivität mit dem Namen »Starten, Stoppen, Fortsetzen«. Das Feld »Fortsetzen« ist ausdrücklich für all die Dinge vorgesehen, an denen man festhalten will, weil sie in den letzten Wochen gut funktioniert haben. Oder die Aktivität »Mad, Sad, Glad« [Derby & Larsen 2006, S. 62], bei der im Feld »Glad« all die Ereignisse gesammelt werden, die einen positiv stimmen oder gestimmt haben. Die Aufgabe eines guten Retrospektiven-Facilitators ist es, darauf zu achten, dass diese Dinge im weiteren Verlauf der Retrospektive nicht verloren gehen. Viele machen den Fehler, die gesammelten Daten über all die positiven Dinge beim Rest der Retrospektive mehr oder weniger zu ignorieren und nur mit den anderen Daten weiterzuarbeiten. Außerdem sollten die positiven Ereignisse gebührend gefeiert werden. Sie dienen dazu, dem Team zu zeigen, dass vieles schon sehr gut läuft. Dies kann einer Retrospektive einen extra Schub Energie geben und die erarbeiteten Ergebnisse werden nochmal so gut.

10.6 Fokus auf sachliche Themen

Dass sich Teams, die sich erst relativ kurz mit Retrospektiven beschäftigen, vor allem auf »greifbare« Dinge konzentrieren, ist normal. Zum einen sind diese Dinge oft viel einfacher zu lösen (ein Continuous Integration Server ist z.B. recht schnell aufgesetzt) und zum anderen hat man so das Gefühl, etwas bewegen zu können. Sachliche Themen sind also erst einmal keine Seltenheit und völlig normal. Ab einem gewissen Punkt ist das aber nicht mehr genug. Wenn Menschen in einem Team zusammenarbeiten, »menschelt« es automatisch. Ich kenne nur wenige Teams, in denen es gar keine Konflikte gibt. Zusätzlich kann es an den Schnittstellen zum Team knistern. Aber es gibt auch positivere Dinge in diesem Bereich. In jedem Teammitglied steckt ein nicht zu unterschätzendes Potenzial, das es zu fördern gilt. Das kann man aber nur, wenn sich die einzelnen Mitglieder öffnen und sich gemeinsam mit ihren Teammitglieder weiterentwickeln. Man kommt also nicht darum herum, auch diese Themen als Teil des kontinuierlichen Verbesserungsprozesses anzusprechen. Was aber, wenn das Team sich weigert, an diesen Dingen zu arbeiten?

Die harte Realität gleich zu Anfang: Für dieses Problem gibt es keine einfache Lösung und erst recht kein Patentrezept. Das liegt daran, dass diese Probleme extrem vom Kontext und den involvierten Personen abhängen. Jeder Mensch ist anders. Ich habe zwei Kinder, die in der gleichen Umgebung aufwachsen, für die die gleichen Regeln gelten und die unter den gleichen Erziehungsmethoden leiden müssen. Trotzdem sind beide grundverschieden. Warum sollte das in einem Unternehmen oder in einem Team anders sein.

Aus meiner Sicht sind die Hauptursachen für das oben genannte Problem die Kultur des Unternehmens und die Menschen selbst. Obendrein beeinflussen sich diese beiden Dinge auch noch gegenseitig. Hatte ich bisher eine Unternehmenskultur, in der viel mit Druck gearbeitet wurde, die streng hierarchisch und befehlsgewohnt war, in der der Chef/das Management mit Angst regierten, dann kann ich nicht erwarten, dass die Mitarbeiter offen miteinander umgehen. In solchen Unternehmen herrscht oft die sogenannte »Cover your Ass (CYA)«-Maxime. Bloß keine Risiken eingehen oder Dinge ändern, wenn ich nicht sicherstellen kann, dass jemand anders am Ende Schuld ist, wenn es nicht klappt. Schuld sind immer die anderen. Hat man es mit einer solchen Unternehmenskultur zu tun, hat man schon schlechte Karten. Gibt es allerdings die Unterstützung vom Management, eine solche Kultur zum Besseren zu wenden, setzt man alles daran, einen Veränderungsprozess in Gang zu bringen. Hier ist die oberste Priorität, dass eine Umgebung für die Mitarbeiter geschaffen wird, in der sie sich wohl fühlen und in der sie sich öffnen können. Eine Umgebung, in der Selbstorganisation und gegenseitiges Vertrauen gelebt wird. Eine Umgebung, in der alle Entscheidungen transparent gemacht werden, usw. Retrospektiven können sicher dabei helfen, aber ein intensives Coaching ist der wichtigere Schritt. Hier sollte man sich einen Experten ins Haus holen, der den Fokus auf die Kultur in einem Unternehmen legt. Er kann ein Unternehmen dabei unterstützen, den nicht immer einfachen Weg zu gehen. Wenn man es am Ende schafft, eine solche Umgebung in seinem Unternehmen zu etablieren, dann werden sich die Mitarbeiter auch automatisch öffnen. Man muss sich aber auch darauf einstellen, dass manche Mitarbeiter das Unternehmen verlassen werden, da sie mit einer solchen Kultur nicht umgehen können.

Hat man das Glück, in einer vertrauensvollen Unternehmenskultur zu arbeiten, und trotz allem oben beschriebenes Problem hat, liegt es meist daran, dass die Menschen Angst haben, sich zu öffnen. Sie haben Angst, sich angreifbar und verwundbar zu machen. Es ist eine der wichtigsten Aufgaben eines guten Facilitators, diese Dinge zu sehen und in den Retrospektiven eine sichere Wohlfühlatmosphäre zu schaffen. Die fängt schon bei der Vorbereitung des Raums an. Eine 5-kg-Box Gummibärchen kann bereits Wunder wirken. Es ist erstaunlich, wie die bloße Anwesenheit von etwas zum Essen gleich eine viel lockerere Atmosphäre schafft. In der Phase »Den Boden bereiten« legt man dann das Fundament für eine offene Retrospektive. Hier kann der Einsatz der »Prime Directive« (siehe

Abschnitt 1.5) und einer gemeinsam erarbeiteten Teamcharta helfen, klare Kommunikationsregeln zu schaffen, die auch den Austausch von Emotionen zulassen, ohne dass man befürchten muss, dass daraus irgendwelche Nachteile entstehen. Die folgenden Aktivitäten sind Beispiele für die erste Phase, die dabei helfen können, gleich von Anfang an auch die »soften« Themen zu integrieren:

- **Der Wetterbericht:**
  Es gibt ein vorbereitetes Flipchart, auf dem die Teilnehmer ihren derzeitigen Gemütszustand eintragen (sonnig, bewölkt, regnerisch, stürmisch).
- **Check-in – zeichne den letzten Sprint:**
  Basierend auf dem Blogartikel von Thorsten Kalnin [Kalnin 2011] beantworten die Teilnehmer zeichnerisch Fragen wie »Wie hast du dich während der letzten Iteration gefühlt?« oder »Was war für dich das größte Problem?«.
- **Check-in – eine Frage:**
  Die Teilnehmer beantworten der Reihe nach eine einfache Frage wie z.B. »Wenn du ein Auto wärst, was für ein Auto wärst du?« oder »Mit welcher Pizza würdest du die letzte Iteration vergleichen?«. Je lustiger die Frage, desto lockerer die Stimmung.
- **Take a stand:**
  Auf dem Boden liegt eine Skala von »schlecht« bis »super« (z.B. mit Malerkrepp). Zu Beginn der Retrospektive stellen sich die Teilnehmer entlang der Skala auf, um ihre Zufriedenheit mit der letzten Iteration zu zeigen.

All das sind Aktivitäten, die von Anfang an die Emotionen der einzelnen Teammitglieder berücksichtigen. Natürlich gibt es noch weitaus mehr Aktivitäten, die dazu geeignet sind. In Abschnitt 1.4 habe ich einige Quellen dazu genannt. Ähnliche Aktivitäten, die auch die Emotionen der Teilnehmer mit einbeziehen, gibt es auch für die anderen Phasen einer Retrospektive. Beispielsweise kann ein Zeitstrahl in der Phase »Daten sammeln« eingesetzt werden, bei dem die Teilnehmer den Verlauf ihrer Gemütslage darunter malen können. Wann war die Stimmung gut, wann war sie eher schlecht? Durch den Zeitstrahl werden diese Stimmungen automatisch mit den entsprechenden Ereignissen verknüpft.

Zusätzlich zu den speziellen Aktivitäten ist es immer die Aufgabe des Facilitators, dafür zu sorgen, dass eine offene Diskussion möglich ist. Tipps dazu habe ich in Kapitel 4 beschrieben.

11 Change Management mit Retrospektiven

Bisher hab ich immer von Retrospektiven als Werkzeug gesprochen, um einen kontinuierlichen Verbesserungsprozess zu begleiten. Dabei geht es in den meisten Fällen um kleine Verbesserungen, die nach und nach die Prozesse in den Projekten verbessern, um diese am Ende erfolgreich abschließen zu können. Manchmal geht es aber nicht nur darum, einen kleinen Verbesserungsschritt zu machen, sondern man möchte eine größere Veränderung in der Organisation durchführen. Dies kann die Einführung eines neuen Prozesses sein, die Reorganisation der Unternehmensstruktur oder andere größere Veränderungen. In diesen Fällen ist das Verwirklichen der Veränderung ein eigenes Projekt. Hier wird oft ein Team gebildet, um die Veränderungen in die Tat umzusetzen. Dieses Team soll den Veränderungsprozess planen und begleiten. Ich bin sicher, jeder von Ihnen hat bereits einen solchen Prozess mitgemacht und war dabei, als z.B. die ISO 9001 eingeführt wurde oder CMMI oder Scrum. Vielleicht sind Sie auch gerade mittendrin und womöglich sogar verantwortlich für die Einführung dieser Veränderungen. Meine persönliche Erfahrung hat gezeigt, dass solche größeren Veränderungen in den wenigsten Fällen reibungslos über die Bühne gehen und leider in vielen Fällen nicht erfolgreich abgeschlossen werden. Manchmal kommt es vor, dass es erst nach einem Erfolg aussieht und am Ende fällt man wieder in die alten Prozesse zurück. Zusammengefasst kann man sagen, dass größere Veränderungen viel Zeit brauchen und jemanden, der weiß, wie man einen solchen Prozess sinnvoll begleitet.

In diesem Kapitel werde ich aufzeigen, wie man einen solchen Prozess mit der Hilfe von Retrospektiven aufsetzen und effektiv begleiten kann. Retrospektiven können aber lediglich den Rahmen für einen solchen Veränderungsprozess bieten und dabei helfen, zu definieren, was man machen will. Es gibt jede Menge Bücher, die sich speziell um das Thema Change Management kümmern. In diesem Buch werde ich nur etwas an der Oberfläche kratzen. Ein paar der Ideen aus diesen Büchern werde ich hier trotzdem kurz anreißen und dann auf weiterführende Literatur verweisen.

11.1 Agiles Change Management

Wie Sie schon im Laufe des Buchs gelernt haben, lässt sich die Zukunft nur schwer vorhersagen. Jede Organisation ist ein komplexes, adaptives System mit unzähligen Variablen und Verbindungen, die nur schwer zu fassen sind. Das bedeutet auch, dass es in den wenigsten Fällen funktioniert, einen Projektplan für einen Veränderungsprozess zu erstellen, der alle Aufgaben für die nächsten Monate beschreibt. Stattdessen macht es mehr Sinn, einen Veränderungsprozess zu etablieren, der in Iterationen durchgeführt wird und bei dem nach jeder Iteration überprüft wird, ob man auf dem richtigen Weg ist.

Gleichzeitig hat sich gezeigt, dass ein Veränderungsprozess nur dann funktioniert, wenn er gemeinsam auf allen Ebenen durchgeführt wird. Reine top-down (vom Management gesteuerte und initiierte) oder bottom-up durchgeführte (von den Mitarbeitern gesteuerte und initiierte) Veränderungsprozesse sind in den meisten Fällen zum Scheitern verurteilt. Nur wenn alle gemeinsam an einem Strang ziehen und alle verstanden haben, wie Systeme funktionieren, kann man einen solchen Prozess erfolgreich zu Ende führen.

Aus meiner Sicht sind die folgenden Punkte unabdingbar, wenn ich sicherstellen möchte, dass mein Veränderungsprozess ein Erfolg wird:

- Eine klare Mission/Vision, die das Ziel des Veränderungsprozesses beschreibt.
- Ein klares Verständnis des augenblicklichen Zustands einer Organisation. Nur wenn ich weiß, wo ich gerade stehe, kann ich die nächsten Schritte sinnvoll definieren.
- Ein umfangreiches Verständnis für Veränderungsprozesse im Allgemeinen. Wie kann man Veränderungen einführen und sicherstellen, dass der neue Zustand der Organisation stabil bleibt?
- Ein iterativer Prozess, der dabei hilft, die Veränderungen Schritt für Schritt einzuführen.
- Regelmäßiges Reflektieren, um den Prozess effektiv zu steuern und gegebenenfalls anzupassen.

11.2 Veränderungsprozesse initiieren

Zu irgendeinem Zeitpunkt hat man entschieden, dass man etwas verändern möchte. Oft entstehen diese Wünsche nach Veränderung aufgrund von Problemen in der Organisation, wie z.B. schlechte Geschäftszahlen, oder von Problemen in der Durchführung von Projekten. Nachdem man diese Veränderungen beschlossen hat, stellt man ein Team zusammen, das gemeinsam dafür sorgen soll, dass z.B. ein neuer Prozess eingeführt wird. Der Einfachheit halber gehe ich auf den nächsten Seiten davon aus, dass Sie eine agile Transition in Ihrem Unternehmen durchführen wollen. Um mit der Einführung dieser neuen Prozesse zu beginnen, lädt man zu einem sogenannten Kick-off ein, der den Start für diese Initiative darstellt. Der Kick-off selbst basiert auf den Phasen einer Retrospektive, die dabei helfen sollen, diesen Kick-off durchzuführen.

11.2.1 Den Boden bereiten

Bisher hat man diese Phase dazu genutzt, den Boden für die Retrospektive zu bereiten. Auch in diesem Kontext will man den Boden für den Kick-off bereiten. Wie man das macht, wissen Sie bereits, da Sie dafür eins zu eins die Techniken von Retrospektiven übernehmen können. Zusätzlich will man aber auch den Boden für die anstehenden Veränderungen bereiten – aber wie?

Der Weg, um seine Veränderungen in die Tat umzusetzen, kann sich während des Prozesses mehrfach ändern. Was sich aber nur selten ändern sollte, ist das dahinter liegende Ziel. Es macht keinen Sinn, einen Veränderungsprozess zu starten, wenn man sich über das Ziel unklar ist. Solch ein Ziel wird im normalen Projektalltag durch eine Vision symbolisiert. Sie zeigt auf, wo man mit einem Projekt hin will und welche Dinge man damit erreichen möchte. Eine Vision ist wie ein besonders attraktiver Ort auf der Landkarte, den man unbedingt erreichen will, wobei es viele unterschiedliche Wege dorthin gibt. Unser Ziel in dieser ersten Phase des Kick-offs ist es, eine solche Vision zu erarbeiten und sauber zu definieren. Sie ist nicht nur ein Leitmotiv für das Team, das an der Umsetzung der Veränderungen arbeitet, sondern soll ebenso dabei helfen, das Ziel der angestrebten Veränderungen in der Organisation zu kommunizieren. Eine gute Vision erfüllt die folgenden Kriterien:

- **Klar, prägnant, leicht verständlich:**
  Vermeiden Sie Worthülsen und langatmige Visionen.
- **Einprägsam:**
  Je leichter man sich die Vision merken kann, desto besser. Dadurch wird auch die Kommunikation der Vision vereinfacht.
- **Begeisternd und inspirierend:**
  Eine gute Vision muss Energien freisetzen und die intrinsische Motivation eines jeden wecken.
- **Herausfordernd:**
  Wenn eine Vision zu leicht zu erreichen ist, kann sie nicht die notwendigen Energien freisetzen.
- **Stabil und trotzdem flexibel:**
  Die Kernbotschaft der Vision muss stabil bleiben und trotzdem muss die Vision auch noch eine gewisse Flexibilität haben.
- **Realisierbar und erreichbar:**
  Auch wenn Ihre Vision herausfordernd sein soll, muss sie trotzdem auch erreichbar bleiben.

Hier ein paar Beispiele für gute Visionen:

- Wartungsfreie Wegwerfplastikuhr mit Garantie (Hat die schweizerische Uhrenindustrie aus der Krise geführt)
- Noch vor dem Ende dieses Jahrzehnts bringen wir einen Menschen auf den Mond und sicher zurück. (Kennedy)
- Einen Computer auf jedem Schreibtisch und in jedem Zuhause (Microsoft 1975)
- Our vision is to be earth's most customer centric company; to build a place where people can come to find and discover anything they might want to buy online. (Amazon)

Erarbeiten Sie diese Vision im Team und sorgen Sie dafür, dass Mitarbeiter aus allen Ebenen Ihrer Organisation daran beteiligt sind. Nachdem man sich auf eine Vision geeinigt hat, geht es im nächsten Schritt darum, die Ziele zu definieren, die man erreichen muss, um die Vision Wirklichkeit werden zu lassen. Jedes dieser Ziele sollte dem Grundsatz der SMART-Ziele entsprechen (siehe Abschnitt 3.5). Diese Ziele werden dann gemeinsam priorisiert, um das erste Ziel für den Veränderungsprozess zu definieren.

Im nächsten Schritt geht es jetzt darum, herauszufinden welche Fähigkeiten die Organisation benötigt, um dieses Ziel zu erreichen. Diese Fähigkeiten sind dann im weiteren Verlauf des Kick-offs zu berücksichtigen. Denn nur wenn die Organisation diese Fähigkeiten hat, kann man das Ziel erreichen, das zusammen mit den anderen Zielen die Vision erfüllt.

Die erarbeitete Vision, die abgeleiteten Ziele und die dazugehörigen Fähigkeiten werden den Prozess die nächsten Monate und eventuell Jahre begleiten und bilden die Basis der Arbeit. Selbstverständlich können sich im Laufe der Zeit die Ziele verändern. Es können auch Ziele wegfallen oder neue Ziele hinzukommen. Es ist auch nicht ungewöhnlich, wenn man sich nach einer gewissen Zeit eingestehen muss, dass die ursprüngliche Vision keinen Sinn mehr ergibt. Es ist also kein starres Gebilde, sondern das Modell muss flexibel und erweiterbar sein.

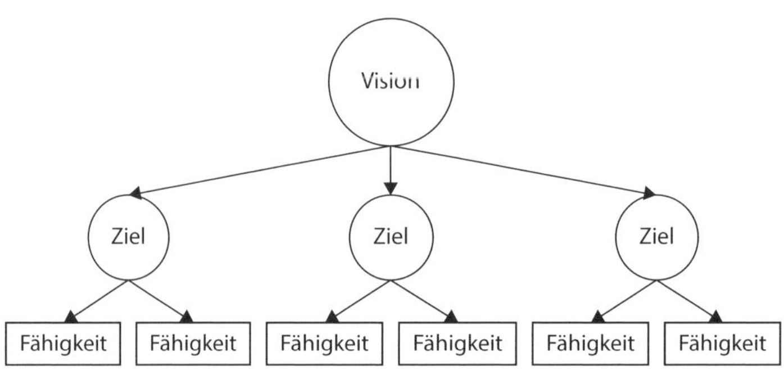

Abb. 11-1 *Modell der Vision*

11.2.2 Daten sammeln

Nachdem das Ziel klar ist, wird es Zeit, sich mit der Realität auseinanderzusetzen. Ein Veränderungsprozess ist schließlich nur dann notwendig, wenn die Organisation nicht in der Lage ist, die an sie gestellten Ziele zu erfüllen. Deshalb geht es in dieser Phase primär darum, den Istzustand unserer Organisation aufzunehmen. Wenn man weiß, wo man heute steht, kann man auch herausfinden, in welchen Bereichen man zuerst ansetzen muss.

Um diese Daten zu sammeln, definiert man drei Bereiche:

- Organisationsstruktur
- Organisationskultur
- Organisationsprozesse

In einem ersten Brainstorming sammelt man die Eigenschaften dieser drei Bereiche und stellt sie vor. Danach zeichnet man für jeden Bereich eine Skala von 1 – 10 und erhebt per Mehr-Punkt-Abfrage, wie gut die einzelnen Bereiche bisher auf die bevorstehende Veränderung vorbereitet sind. Eine 10 bedeutet, dass der Bereich bereit für die anstehenden Veränderungen ist, bei einer 1 ist der Bereich noch sehr weit vom Optimum entfernt. So erhält man einen Durchschnittswert pro Bereich, der als erster Indikator für das weitere Vorgehen dienen kann. Je niedriger der Wert eines Bereichs, desto höher ist das Risiko, dass die notwendigen Veränderungen für diesen Bereich nur schwer umsetzbar sind oder mit größeren Hindernissen zu rechnen ist. Es ist zu empfehlen, dass man die Bereiche mit den größten Risiken zuerst bearbeitet, um von Anfang an das Risiko einer gescheiterten Transition zu minimieren. Natürlich können auch scheinbar einfache Dinge Großes bewegen, aber dieser sogenannte Schmetterlingseffekt ist nicht vorhersehbar.

Praxistipp

Beim Sammeln dieser Daten muss man so realistisch wie möglich sein. Es macht keinen Sinn, sich hier etwas vorzumachen, nur um später festzustellen, dass der tatsächliche Zustand doch ein anderer war. Das ist auch einer der Gründe, warum man Mitarbeiter aus allen Ebenen an diesem Prozess beteiligen sollte. Im Management tendiert man leicht dazu, Dinge besser zu sehen, als sie tatsächlich sind.

Mit diesen Daten ist man jetzt bereit für die nächste Phase.

11.2.3 Einsichten gewinnen

Wie immer geht es in dieser Phase darum zu verstehen, wie eine Organisation funktioniert und was hinter den beobachteten Effekten steckt. Erst wenn man verstanden hat, wie das System unserer Organisation aussieht, kann man sich effektive Maßnahmen überlegen. Um diese Zusammenhänge sichtbar zu machen, kann man die in Abschnitt 6.2.1 beschriebenen Causal-Loop-Diagramme (CLDs) nutzen. Man muss sich am Ende aber immer klarmachen, dass ein solches Causal-Loop-Diagramm nur ein stark vereinfachtes Bild unseres Systems zeichnet. Als Grundlage unserer Experimente taugt es aber trotzdem, da es zumindest mögliche Ansatzpunkte aufzeigt. Ein weiterer Vorteil eines Causal-Loop-Diagramms ist der Entstehungsprozess selbst. Wenn man in einer Gruppe an einem solchen Diagramm arbeitet, kann man eine Menge lernen, vor allem über die Denkweise der Personen in anderen Organisationsbereichen. Es hilft einem also beim Blick über den Tellerrand.

Ein guter Startpunkt für das Causal-Loop-Diagramm sind die bereits erarbeiteten Ergebnisse, die als Variablen in das System aufgenommen werden können, wie z.B.:

- Die abgeleiteten Fähigkeiten zur Erreichung unserer Ziele
- Eventuell die Ziele selbst
- Die verschiedenen Eigenschaften der oben beschriebenen Organisationsbereiche (Struktur, Kultur, Prozesse)

Die Variablen kann man jetzt mithilfe des Causal-Loop-Diagramms ins Verhältnis setzen und vorhandene Lücken mit neuen Variablen füllen. So erhält man am Ende ein Bild des Systems mit den jeweiligen Beziehungen zueinander.

Praxistipp

Das erarbeitet CLD bewahrt man gut auf, um es auch in den nächsten Retrospektiven immer dabeizuhaben. Natürlich muss man es aktualisieren, wenn man neue Erkenntnisse zu der jeweiligen Organisation gesammelt hat.

11.2.4 Nächste Experimente und Hypothesen definieren

Nun zum schwierigsten Teil des Kick-offs: der Definition der ersten Experimente. Es fällt nicht immer leicht, sich zu entscheiden, was man als Erstes machen will. Gott sei Dank haben sich schon andere Leute Gedanken zu diesem Thema gemacht, die man hier nutzen kann. Ein Buch, das hier – aus meiner Sicht – besonders aus der Masse hervorsticht, ist »Fearless Change« von Mary Lynn Manns und Linda Rising [Manns & Rising 2005]. Es beschreibt 48 Muster (Patterns), um Veränderungen in einer Organisation einzuführen und dafür zu sorgen, dass diese Veränderungen am Ende von Dauer sind. Die Muster in dem Buch basieren alle auf den Erfahrungen verschiedenster Menschen im Bereich Change Management, sind also alle bereits in der Praxis erprobt und für gut befunden worden. Und genau das macht dieses Buch so wertvoll. Diese Muster sind in vier Bereiche eingeteilt:

1. Durchgehend:
   Muster, die während des gesamten Veränderungsprozesses angewendet werden können.
2. Früh:
   Muster, die besonders früh im Veränderungsprozess angewendet werden können.
3. Spät:
   Muster, die eher spät im Veränderungsprozess angewendet werden können.
4. Widerstand:
   Muster, die aufzeigen, wie man mit Widerstand gegenüber der geplanten Veränderung umgeht.

Für das Kick-off-Meeting konzentriert man sich besonders auf den Bereich »Früh«. An zweiter Stelle kommt dann der Bereich »Durchgehend«. Den Bereich »Widerstand« schaut man sich dann genauer an, wenn man auf eben diesen in der Organisation stößt. Hier ein paar Beispiele für Muster im Bereich »Früh«:

- **Um Hilfe fragen:**
  Einer neuen Idee Leben einzuhauchen, ist eine große Aufgabe. Suchen Sie nach anderen Menschen, die Sie dabei unterstützen können.
- **Brown Bags:**
  Nutzen Sie die entspannte Zeit während der Mittagspause, um Ihre neue Idee vorzustellen.
- **E-Forum:**
  Setzen Sie eine interne Webseite auf oder eine Mailingliste, auf der interessierte Personen mehr über Ihre Idee erfahren können.
- **Innovatoren:**
  Wenn man mit dem Veränderungsprozess beginnt, bittet man besonders die Kollegen um Hilfe, die neue Ideen mögen und fördern.
- **Vorbild sein:**
  Nutzen Sie Ihre eigenen Ideen in Ihrem eigenen Arbeitsumfeld, um die Vor- und Nachteile am eigenen Leib zu spüren.
- **Zuschneiden:**
  Um die eigenen Leute in der Organisation von der Idee zu überzeugen, muss man diese an die Bedürfnisse der Organisation anpassen.

Alle diese Muster geben einem Team eine Idee, in welchen Bereichen sie mit dem Veränderungsprozess zuerst starten sollten. In Kombination mit den anderen Ergebnissen aus dem Kick-off kann man so die ersten Experimente definieren. Bei der Definition dieser Experimente kann es helfen, wenn man sich wieder das SMART-Akronym ins Gedächtnis ruft (siehe Abschnitt 3.5).

Praxistipp

Ganz wichtig sind auch hier wieder die dazugehörigen Hypothesen. Sie helfen dabei, einen zielgerichteten Prozess zu etablieren und die vereinbarten Maßnahmen (Experimente) anzupassen, sollten die Ergebnisse nicht den Erwartungen (Hypothesen) entsprochen haben. Sie bilden den Kern und den Leitfaden für das weitere Vorgehen.

11.2.5 Abschluss

Beim Abschluss des Kick-offs macht man eine kurze Zusammenfassung des ganzen Workshops. Diese umfasst die folgenden Punkte:

- Welche Ergebnisse wurden erarbeitet?
- Welche Experimente werden zuerst gestartet und wer ist dafür verantwortlich?
- Wann wollen wir uns zur ersten Retrospektive treffen und in welchen Intervallen sollen sie zukünftig stattfinden?

Zu guter Letzt bewertet man noch das Kick-off selbst und sammelt in einer kurzen Runde Feedback dazu ein. Dieses Feedback hilft dabei, die zukünftigen Runden besser zu gestalten. Wenn man möchte, kann man ganz am Ende auch noch ein ROTI-Diagramm von Teilnehmern ausfüllen lassen.

Retrospektiven für den unternehmerischen Wandel

von Jutta Eckstein

Ursprünglich sind Retrospektiven als Methode für eine Gruppe gedacht, damit diese aus den Erfahrungen einer gemeinsam verbrachten Zeit lernen. Die Teilnehmer von Retrospektiven, die einen unternehmerischen Wandel ermöglichen sollen, teilen keine gemeinsame Zeit, bringen aber ihre unterschiedlichen individuellen Erfahrungen in die Retrospektive ein, sie lernen zusammen daraus und gestalten auf dieser Basis eine gemeinsame Zukunft. Was die Teilnehmer zusammenbringt, ist die Idee, dass sich etwas ändern muss. Manchmal wissen sie bereits, was sich ändern muss, und sind nur unsicher über das Wie – eine klassische Situation für eine dynamische Änderung. Manchmal ist sogar das Ziel der Veränderung unklar oder es gibt darüber kein Einvernehmen, das heißt, die Gruppe steht einer komplexen Veränderung gegenüber.

Diversität der Teilnehmer

Die Voraussetzung für eine Veränderungsinitiative ist das Zusammenbringen von unterschiedlichen Perspektiven. Der Erfahrungsaustausch über verschiedene Projekte, Funktionsrollen, Abteilungen oder sogar Organisationen hinweg bildet die Basis für gemeinsames Lernen. Sowohl das Ziel als auch der Weg dorthin wird dadurch aus unterschiedlichen Perspektiven gestaltet und verifiziert. Einerseits verbessert die Diversität der Gruppe die Veränderung. Wichtiger jedoch ist andererseits, dass alle Personen, die diese diversen Sichten vertreten, für die Veränderung verantwortlich zeichnen und gleichzeitig realisieren, inwiefern sie auch selbst von der Veränderung profitieren können. Das Verständnis für unterschiedliche Perspektiven sorgt zusätzlich dafür, dass alle das große Gesamtbild vor Augen haben, das die Veränderung ermöglichen kann.

→

Anerkennung existierender Erfahrungen

Das Fundament jeder Veränderung ist die Anerkennung existierender Erfahrungen, um damit deutlich zu machen, was – trotz aller Änderungen – stabil bleiben wird. Häufig wird beim Sammeln der existierenden Erfahrungen erst für die Gruppe offensichtlich, welche Muster die sogenannte »DNA« des Unternehmens darstellen. Nach Senge et al. wird die DNA eines Unternehmens durch vergangene Erfolge und Stärken definiert und bildet damit das Rückgrat für zukünftige Veränderungen [Senge et al. 2011].

Deshalb stellt bei einer Retrospektive für den unternehmerischen Wandel das Sammeln von Daten bzw. das Zusammentragen von verschiedenen Erfahrungen den wichtigsten Schritt dar. Er stellt sicher, dass die Veränderung nicht von oben herab durchgesetzt wird. Stattdessen wird die vorhandene Erfahrung aller genutzt, um dadurch die bestmögliche Veränderung entstehen zu lassen. Darüber hinaus bildet die Anerkennung existierender Erfahrungen für die Beteiligten die Basis für die Akzeptanz der Veränderung.

Erkenntnisse über existierende Erfahrungen machen außerdem die Stärken und Schwächen der aktuellen Situation deutlich. Allerdings wird dies nur bei einer Diversität der Teilnehmer funktionieren. Ansonsten sind die Erkenntnisse einseitig und damit nicht zielführend.

Entscheiden, was zu tun ist

In der heutigen komplexen Welt stehen Problem und Lösung nicht mehr in direkter Relation zueinander. Das heißt, eine kleine Änderung kann keinen, einen kleinen oder auch einen großen Effekt haben. Letzteres wird auch der Schmetterlingseffekt genannt. Konsequenterweise ist es nicht mehr notwendig, sich auf das dringendste und schwierigste Problem zu konzentrieren, da die Lösung eines kleinen (und auf den ersten Blick unwichtigen) Problems die größte Auswirkung haben kann. Weiterhin bedeutet dies, dass es nicht mehr erforderlich ist, dass die gesamte Organisation oder das (Top-)Management eine Veränderung unterstützt, da bereits eine kleine Veränderung in einem Bereich einen großen Effekt für die ganze Organisation haben kann.

In einer Retrospektive für den unternehmerischen Wandel konzentriert sich die Gruppe auf Veränderungen, die einfach umgesetzt werden können, und untersucht ein paar Wochen später – in der nächsten Retrospektive –, inwiefern diese Änderung einen Unterschied gemacht hat. Der Bezug zu Adaptive Action unterstützt diese Vorgehensweise. Adaptive Action ist ein Lernzyklus, der über folgende drei Fragen definiert ist ([Eoyang & Holladay 2013], siehe Abb. 11–2[1]):

1. Die Abbildung referenziert HSD (Human System Dynamics), die Theorie, die Adaptive Action zugrunde liegt.

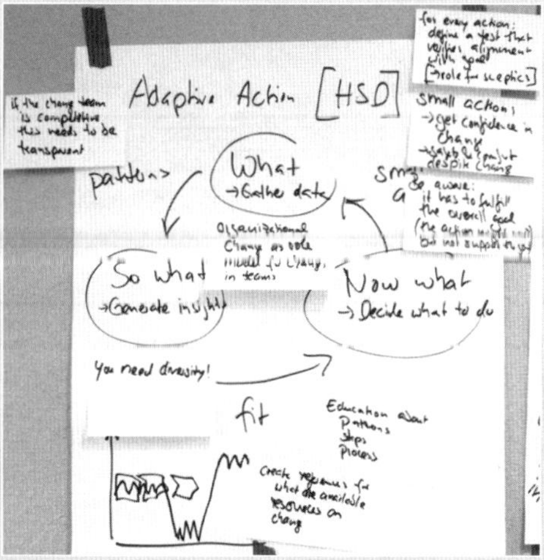

Abb. 11–2 *Verbindung zu Adaptive Action (eigene Darstellung)*

- **Was?** – um Daten zu sammeln respektive Erfahrungen zusammenzutragen, die die Veränderung ermöglichen. Dies bildet gleichzeitig den Start- und den Endpunkt des Lernzyklus.
- **Na und?** – zur Gewinnung von Erkenntnissen aus den gesammelten Daten. Speziell hier ist es essenziell, dass die Gruppe divers ist und viele verschiedene Perspektiven vertreten sind.
- **Und jetzt?** – die Gruppe entscheidet nun, was mit den Erkenntnissen zu tun ist. Es ist empfehlenswert, für jede Aktion einen Test zu definieren, der die Ausrichtung auf das Ziel sicherstellt. Im Sinne des Schmetterlingseffekts sollte sich die Gruppe auf kleine einfache Aktionen konzentrieren. Diese ermöglichen das Erzielen schneller Ergebnisse, die wiederum das Vertrauen in die Veränderung bestärken [Manns & Rising 2005, S. 216-218].

Der nächste Lernzyklus wird wieder durch die Frage nach dem Was gestartet. Dieses Mal steht die Begutachtung des Erfolgs der geplanten Aktionen und Tests im Fokus, die das Ergebnis des letzten Lernzyklus waren.

Fazit

Obwohl Retrospektiven ursprünglich entwickelt wurden, um einen fixen Zeitrahmen und eine gemeinsame Historie zu untersuchen, eignen sie sich hervorragend, um etwas Neues zu initiieren. Was zunächst als Problem erscheint, entwickelt sich zum Vorteil – die fehlende Limitierung eines bestimmten Untersuchungszeitraums eröffnet ganz neue Möglichkeiten. Die Teilnehmer werden eingeladen, ihre Erfahrungen von verschiedenen Projekten und/oder Organisation zusammenzutragen, sodass gemeinsames Lernen – und damit Veränderung – möglich wird[2].

2. Danksagung: Der Artikel basiert auf meiner Masterarbeit im Studiengang Business Coaching and Change Management und ich möchte allen Gutachtern der Thesis danken:
Kerstin Bücher und Nicolai M. Josuttis aus Deutschland, Vikram Kapoor von den Niederlanden, Charlotte Malther aus Dänemark sowie Diana Larsen und Linda Rising aus den USA.

11.3 Veränderungsprozesse begleiten

Um die Komplexität des Veränderungsprozesses selbst und der unserer Organisation besser in den Griff zu bekommen, ist es, wie bereits weiter vorne beschrieben, hilfreich, den ganzen Prozess iterativ durchzuführen. Das bedeutet, dass man sich spätestens nach einem Monat wieder trifft, um den Fortschritt zu kontrollieren, den Prozess wenn notwendig anzupassen und die nächsten Experimente zu definieren. Auf diese Weise kann man den Verbesserungsprozess auf der Basis von empirischen Daten steuern und wenn nötig kurz anpassen. Das Ziel ist aber am Ende immer die Vision, die man im Kick-off definiert hat.

Genau für diese Dinge sind Retrospektiven prädestiniert. Deshalb macht es Sinn, auch den weiteren Verlauf des Veränderungsprozesses mit der Hilfe von Retrospektiven zu begleiten.

11.3.1 Den Boden bereiten

Zu Beginn einer solchen Retrospektive ist es oft eine gute Idee, einen ersten Indikator für den Erfolg des Verbesserungsprozesses zu holen: die Zufriedenheit des Teams selbst, das für diesen Prozess verantwortlich ist. Dafür gibt es verschiedene Aktivitäten, wie z.B. den Wetterbericht oder das zeichnerische Check-in (siehe Abschnitt 10.6). So erfährt man schnell, ob man auf dem richtigen Weg ist oder noch mit größeren Hindernissen zu kämpfen hat.

11.3.2 Hypothesen überprüfen

Das Überprüfen der Hypothesen ist der wichtigste Schritt in einer solchen Retrospektive. Nur so kann man wirklich kontrollieren, ob die bisher durchgeführten Experimente den gewünschten Effekt hatten. Haben sich die definierten Hypothesen aus heutiger Sicht in eine Tatsache gewandelt und war das damit zusammenhängende Experiment erfolgreich? Oder muss man feststellen, dass ein gänzlich anderer Effekt eingetreten ist? Vielleicht ist auch gar kein Effekt wahrnehmbar. Gleichzeitig muss man sich klarmachen, dass nicht alle Experimente zu einem sofortigen Effekt führen und es erst etwas dauert, bis die Wirkung sichtbar wird.

Lange Rede kurzer Sinn: Ist das gewünschte Ergebnis (noch) nicht eingetreten, muss man weiter daran arbeiten. Es macht keinen Sinn, ein weiteres Fass aufzumachen, wenn die ersten, bereits offenen Fässer noch nicht leer sind. Im Englischen sagt man dazu: »Stop starting, start finishing.«

Die nicht erfüllten Hypothesen sind das Futter für die weiteren Phasen unserer Retrospektive.

11.3.3 Daten sammeln

Nachdem man die Hypothesen überprüft hat, beginnt man wieder mit dem Sammeln der Daten in den bereits definierten Bereichen:

- Organisationsstruktur
- Organisationskultur
- Organisationsprozesse

Praxistipp

Haben sich Hypothesen nicht in Tatsachen gewandelt, setzt man beim Sammeln der Daten den Fokus auf diese Hypothesen und sammelt alle Daten, die diesen Fakt untermauern. Die Frage, die man hier stellt, könnte lauten: »Woran erkennt man, dass sich die Hypothese A nicht erfüllt hat?« oder »Welche Dinge haben gefehlt, um Hypothese B zu erfüllen?«. Die gesammelten Daten kann man z.B. an einem Zeitstrahl ausrichten, um zusätzlich die zeitliche Komponente hinzuzufügen. Diese gesammelten Daten helfen in den nächsten Phasen dabei, Ideen für neue Experimente zu finden.

11.3.4 Einsichten gewinnen

Gehen wir mal davon aus, dass man Hypothesen hat, die sich nicht in Tatsachen gewandelt haben. Durch die vorherige Phase weiß man jetzt, woran man das erkennen kann. Und genau diese Dinge will man jetzt näher beleuchten. Man will verstehen, warum das so ist, und sucht nach den Ursachen dahinter.

Hier kommt dann wieder das Causal-Loop-Diagramm zum Einsatz, das man bereits im Kick-off erarbeitet hat. Mithilfe der gesammelten Daten und der neuen Erfahrungen kann man das Diagramm jetzt erweitern. Sicherlich fehlen Variablen, die man hinzufügen muss, und weitere Zusammenhänge, die man bisher übersehen hat. Ziel muss sein, die Ursachen und Mechanismen, die hinter den vorher gesammelten Daten liegen, im Causal-Loop-Diagramm abzubilden. So wächst nach und nach das Verständnis für das System und die inneren Zusammenhänge der Organisation. Es ist wichtig, diese neuen Einsichten miteinander zu teilen, um die Basis für das weitere Vorgehen zu schaffen.

11.3.5 Nächste Experimente und Hypothesen definieren

Um Ideen für neue Experimente zu entwickeln, die dabei helfen sollen, die Hypothesen in Tatsachen umzuwandeln, kann man wieder auf die 48 Muster aus dem Buch von Mary Lynn Manns und Linda Rising zurückgreifen [Manns & Rising 2005]. Welche Muster hat man bisher noch nicht verwendet? Welches Muster hat eventuell das Potenzial, die Organisation zu dem Ergebnis zu verhelfen, das man jetzt braucht? Wie kann man ein Muster auf die eigene Organisation anwenden?

Man kann natürlich auch auf spezielle Modelle zurückgreifen, wie z.B. dem ADKAR-Modell oder dem »Five-I«-Modell. Sie geben ebenfalls Ansatzpunkte in einem System.

ADKAR-Modell

Das ADKAR-Modell ist ein zielorientiertes Modell, um Veränderungsprozesse zu leiten. Das Akronym steht für:

- **Awareness:**
  Das Bewusstsein, dass man etwas ändern muss.
- **Desire:**
  Das Verlangen, Teil der Veränderung zu sein und diese zu unterstützen.
- **Knowledge:**
  Das Wissen, wie man etwas verändern kann.
- **Ability:**
  Die Fähigkeit, die Veränderungen täglich Schritt für Schritt zu implementieren.
- **Reinforcement:**
  Die Bestärkung, die Veränderung zu etablieren.

Das Modell bezieht sich immer auf die Personen in einer Organisation. Neue Experimente findet man, indem man zu jedem der fünf Teile des ADKAR-Modells Fragen stellt. Wie z.B.:

- Wie kann ich das Bewusstsein in meiner Organisation schaffen, dass sich etwas ändern muss?
- Wie kann ich Emotionen erzeugen, die die Leute dazu animieren, sich zu verändern. Wie kann ich es schaffen, dass sie sich verändern wollen?
- Was muss ich tun, um das Wissen in der Organisation aufzubauen, wie die Veränderung konkret aussieht? Wie kann ich die Kollegen in meiner Organisation dazu befähigen, diese Veränderungen selbst vorzunehmen?
- Welche Befugnisse muss ich den Personen in meinem Netzwerk zuerkennen, dass sie überhaupt in der Lage sind, etwas zu verändern?
- Was kann ich tun, damit die Personen in meiner Organisation nicht mehr zurück zum alten Prozess wollen?

Die Antworten auf diese Fragen können als Experimente umformuliert und genutzt werden.

»Five I«-Modell

Dieses Modell basiert auf dem »Four I«-Modell von Mark van Vugt und wurde von Jurgen Appelo um ein weiteres I erweitert [Appelo 2012]. Die fünf I des Modells stehen für:

- **Information:**
  Nutze Informationsradiatoren, um Leuten die Konsequenzen ihres derzeitigen Verhaltens klarzumachen.
- **Identity:**
  Gib den Leuten eine (coole) Identität, mit der sie sich gut identifizieren können, wie z.B. eine hippe Marke.
- **Incentives:**
  Verteile kleine Belohnungen für gutes Verhalten, z.B. in Form von Komplimenten oder Süßigkeiten.
- **Infrastructure:**
  Die Werkzeuge und Infrastruktur, die von den Menschen in einer Organisation benutzt werden, beeinflussen deren Verhalten signifikant.
- **Institutions:**
  Etabliere Interessengemeinschaften in der Organisation, die dabei helfen, neue Standards zu setzen.

Auch hier helfen Fragen für die einzelnen Teile des Modells, um Ideen für neue Experimente zu gewinnen.

Praxistipp

Beschäftigen Sie sich mit den verschiedenen Modellen aus dem Change Management. Dies hilft Ihnen dabei, neue Ideen zu entwickeln, welche Möglichkeiten es noch gibt, um Ihren Veränderungsprozess weiter voranzutreiben.

Welche Werkzeuge man im Endeffekt wählt, ist (fast) egal, solange man es schafft, seinen Veränderungsprozess in die richtige Richtung zu bewegen. Am Ende ist es immer die persönliche Situation und der individuelle Kontext, der den Unterschied ausmacht.

11.3.6 Abschluss

Da Retrospektiven als Teil des Veränderungsprozesses immer auch ein Planungswerkzeug sind, beantwortet man die folgenden Fragen am Ende noch einmal gemeinsam:

- Welche Ergebnisse wurden erarbeitet?
- Welche Experimente werden als Nächstes gestartet und wer ist dafür verantwortlich?
- Wann findet die nächste Retrospektive statt?

Ab und an macht man auch bei den wiederkehrenden Retrospektiven eine Retrospektive der Retrospektive. Ein kontinuierlicher Verbesserungsprozess darf nie an der Retrospektive selbst aufhören.

11.4 Zusammenfassung

Change Management ist keine einfache Aufgabe. Gerade in großen Organisationen kann es teilweise Jahre dauern, bis eine größere Veränderung vollumfänglich implementiert ist. Dafür vorab einen ausführlichen Plan zu machen ist nahezu unmöglich. Stattdessen macht es mehr Sinn, einen iterativen Prozess zu etablieren, der die Veränderungen Schritt für Schritt einführt und in regelmäßigen Abständen überprüft, ob man dem Ziel näher gekommen ist. Egal wie groß die Veränderungen sind, man wird nie vermeiden können, dass man die ursprüngliche Planung anpasst.

Retrospektiven sind ein hervorragendes Werkzeug, um solche Veränderungsprozesse zu begleiten. Durch ihre klar strukturierten Phasen geben sie einen Rahmen vor, in dem alle wichtigen Aspekte abgedeckt werden:

- Welche Ziele verfolgen wir?
- Wo stehen wir heute?
- Welche Ursachen haben die verschiedenen Verhaltensweisen unserer Organisation?
- Wie können wir das System so beeinflussen, dass unsere Veränderungen effektiv und nachhaltig sind?

Man muss sich aber immer klarmachen, dass Retrospektiven lediglich den Rahmen vorgeben. Sie ersetzen in keiner Weise das Wissen, wie man Veränderungen in Organisationen etablieren kann. Ohne dieses zusätzliche Wissen wird man auch mit einem iterativen Prozess, der durch Retrospektiven begleitet wird, große Probleme haben. Man kommt also nicht drum herum, sich mit dem Thema Veränderung intensiver zu beschäftigen und sich die zu diesem Thema verfügbare Literatur zu Gemüte zu führen.

Quellenverzeichnis

[Appelo 2011a] Appelo, Jurgen: Complexity Thinking or Systems Thinking, 2011, *http://de.slideshare.net/jurgenappelo/complexity-thinking*.

[Appelo 2011b] Appelo, Jurgen: Management 3.0 – Leading Agile Developers, Developing Agile Leaders. Addison-Wesley Longman, Amsterdam, 2011.

[Appelo 2012] Appelo, Jurgen: How to Change the World – Change Management 3.0. Jojo Ventures BV, 2012.

[Automattic] *http://automattic.com/*

[Denning 2010] Denning, Stephen: The Leader's Guide to Radical Management: Reinventing the Workplace for the 21st Century. Jossey-Bass, 2010.

[Derby & Larsen 2006] Derby, Esther; Larsen, Diana: Agile Retrospectives – Making Good Teams Great. Pragmatic Bookshelf, 2006.

[Eckstein 2009] Eckstein, Jutta: Agile Softwareentwicklung mit verteilten Teams. dpunkt.verlag, Heidelberg, 2009.

[Eoyang & Holladay 2013] Eoyang, G.; Holladay, R.: Adaptive Action: Leveraging Uncertainty in Your Organization. Stanford University Press, Stanford, CA, 2013 (Kindle ed., E-Book).

[Frankl 1998] Frankl, Viktor E.: ... trotzdem Ja zum Leben sagen: Ein Psychologe erlebt das Konzentrationslager. dtv, München, 1998.

[Fredrickson 2009] Fredrickson, Barbara L.: Positivity. Three Rivers Press, New York, 2009.

[Fredrickson 2011] Fredrickson, Barbara L.: Die Macht der Guten Gefühle. Campus Verlag, Frankfurt/Main, 2011, S. 151 ff.

[Goldratt 2013] Goldratt, Eliyahu M.: Das Ziel: Ein Roman über Prozessoptimierung. Campus Verlag, Frankfurt/Main, 2013.

[Gray et al. 2010] Gray, Dave; Brown, Sunni; Macanufo, James: Game Storming – A Playbook for Innovators, Rulebreakers, and Changemakers. O'Reilly, Sebastopol, CA, 2010.

[Hanoulle 2013] Hanoulle, Yves: Work retrospective, 2013, *http://www.hanoulle.be/2013/03/work-retrospective/*.

[Haussmann & Scholz 2009] Haussmann, Martin; Scholz, Holger: bikablo 2.0. Neuland GmbH & Co. KG, Eichenzell, 2009.

[Hohmann 2006] Hohmann, Luke: Innovation Games: Creating Breakthrough Products Through Collaborative Play. Addison-Wesley Longman, Amsterdam, 2006.

[Iveson et al. 2012] Iveson, Chris; George, Evan; Ratner, Harvey: Brief Coaching – A Solution Focused Approach. Taylor & Francis, London, New York, 2012, S. 79.

[Kalnin 2011] *http://vinylbaustein.net/2011/03/24/draw-the-problem-draw-the-challenge*

[Kaner 2007] Kaner, Sam: Facilitator's Guide to Participatory Decision-Making. Jossey-Bass, 2007.

[Kekse] *http://www.chefkoch.de/rs/s0/gl%FCckskekse+backen/Rezepte.html*

[Kerth 2001] Kerth, Norman L.: Project Retrospectives: A Handbook for Team Reviews. Dorset House Publishers, New York, 2001.

[Kruse 2010] Peter Kruse vor der Enquete-Kommission »Internet und digitale Gesellschaft«, 2010.

[Kua 2012] Kua, Patrick: The Retrospective Handbook: A guide for agile teams. Leanpub, 2012.

[Losado & Heaphy 2004] Losado, Marcial; Heaphy, Emily: The Role of Positivity and Connectivity in the Performance of Business Teams. American Behavioral Scientist, Vol 47, Nr 6, 2004, S. 740–765.

[Malik 1997] Malik, Fredmund: Malik On Management, Nr. 3/97, 5. Jg., März 1997, S. 38 ff.

[Manifesto] *http://agilemanifesto.org/iso/de/*

[Manns & Rising 2005] Manns, Mary L.; Rising, Linda: Fearless Change: Patterns for Introducing New Ideas. Pearson Education Inc., Boston, MA, 2005.

[McCarthy & McCarthy 2010] McCarthy, Jim; McCarthy, Michele: Check in, 2010, *http://liveingreatness.com/core-protocols/check-in/*

[Retromat] *http://www.plans-for-retrospectives.com*

[Retro-Wiki] *http://retrospectivewiki.org*

[Rohde 2013] Rohde, Mike: The Sketchnote Handbook. Peachpit Press, San Francisco, 2013.

[Senge 2006] Senge, Peter: The Fifth Discipline – The Art and Practise of a Learning Organization. Crown Business, 2006.

[Senge et al. 2011] Senge, Peter; Smith, Brian; Kruschwitz, Nina; Laur, Joe; Schley, Sara: The Necessary Revolution: How Individuals and Organisations Are Working Together to Create a Sustainable World. Nicholas Brealey Publishing, Clerkenwell, London, UK, 2011 (Kindle ed., E-Book).

[Shazer 2010] de Shazer, Steve: Wege der erfolgreichen Kurztherapie. 10. Auflage, Klett-Cotta Verlag, Stuttgart, 2010.

[Sibbet 2011] Sibbet, David: Visuelle Meetings. Mitp-Verlag, Heidelberg et al., 2011.

[Snowden 2005] Snowden, David: Multi-ontology sense making: a new simplicity in decision making. Management Today, Yearbook 2005, Vol. 20.

[Snowden 2010] Snowden, David: The Origins of Cynefin, 2010, *http://cognitive-edge.com/uploads/articles/Origins_of_Cynefin.pdf.*

[Sparrer 2009a] Sparrer, Insa: Wunder, Lösung und System. 5. Auflage, Carl Auer Verlag, Heidelberg, 2009, S. 55 ff.

[Sparrer 2009b] Sparrer, Insa: Systemische Strukturaufstellungen – Theorie und Praxis. 2. Auflage, Carl Auer Verlag, Heidelberg, 2009.

[Stacey et al. 2000] Stacey, Ralph D.; Griffin, Douglas; Shaw, Patricia: Complexity and Management. Routledge, New York, 2000.

[Szabo 2007] Szabo, Peter: Skalierungsfragen im Coaching: Ein einfaches und wirksames Instrument für die Praxis, Fachartikel, 2007, *http://www.weiterbildungsforum.ch/fach--und-medienartikel.html.*

[Tastycupcakes] *http://tastycupcakes.org/*

[Ted] *http://www.ted.com/talks/julian_treasure_5_ways_to_listen_better.html*

[Vester 1983] Vester, Frederic: Unsere Welt – Ein vernetztes System. dtv, München, 1983.

[Weisbart] *http://weisbart.com/cookies/*

[Wikipedia 01] *http://de.wikipedia.org/wiki/Retrospektive*

[Wikipedia 02] *http://en.wikipedia.org/wiki/Sakichi_Toyoda*

[Wikipedia 03] *http://de.wikipedia.org/wiki/Kraftfeldanalyse*

[Wikipedia 04] *http://de.wikipedia.org/wiki/System*

[Wikipedia 05] *http://de.wikipedia.org/wiki/Steve_de_Shazer*

[Wikipedia 06] *http://en.wikipedia.org/wiki/Causal_loop_diagram*

[Wikipedia 07] h*ttp://de.wikipedia.org/wiki/Rosenthal-Effekt*

[Wikipedia 08] *http://de.wikipedia.org/wiki/Cynefin-Framework*

[Young 2013] Young, Ted M.: Another Alternative to the Retrospective »Prime Directive«, 2013, *http://jitterted.com/blog/2013/02/11/another-alternative-to-the-retrospective-prime-directive/.*

Index

V

W

Z